U0023546

The Restaurant Management Science

餐飲大師的管理學

從基層到巔峰的處世哲學與管理之道

鄔智明 *Sammy Wu* 著

每分每秒也想將酒店的地位提升的熱忱

自二〇〇二年，有數年常與恩師江獻珠女士到香港賽馬會沙田會所凱旋中餐廳吃午飯，師徒二人便與 Sammy 鄔智明先生認識。當年 Sammy 是沙田馬會西餐廳經理，但不介意落場時到中餐廳跟會員打交道，順便聆聽他們的意見，到今天腦海還浮現著 Sammy 畢敬畢恭地與江老師交談的情景。

多年沒見，去年五月在台北文華東方酒店入住期間竟與他異地相逢。十多年來我已轉變很多，從中等身材變成一個肥胖的婆婆，難得他一眼便把我認出來，注定 Sammy 做這一行。在酒店之雅閣中餐廳吃晚飯，再跟 Sammy 碰面，於是提議若有機會便與他分享個人對傳統粵菜的看法。想不到他在休假的日子特別回到酒店，跟我談論在台北與香港做粵菜的挑戰，怎樣揀選道地靚食材。大家傾談得非常投契，不知不覺過了三小時，感受到他對工作的熱忱，是每分每秒也想將酒店的地位提升。

去年底趁 Sammy 回港期間，特意邀請他來家作客，給予做一席傳統粵菜。他問能否帶兩位曾一起工作過的中菜總廚，是希望舊日同袍一起認識我的家宴。知道 Sammy 喜歡攝影，連 Nikon 也邀請他拍攝月曆，難得他整晚做了我的御用攝影師，專注地拍攝每道餸菜的神髓，可能當晚 Sammy 是食而不知其味。

一位現長居日本之香港女美食家，每個月也周遊列國，為的就是尋找美食。她說在 Sammy 的領導下，把怡東酒店中餐廳怡東軒做得有聲有色，是一間她願意介紹給日本朋友的香港高級粵菜餐館。

Sammy 的大作《餐飲大師的管理學》將會在台灣出版，他在飲食界的經歷定必引人入勝，身為香港人為他而感到驕傲，會引頸以待，祝一紙風行。

名人檔案

原名麥麗敏，師承著名粵菜專家江獻珠，為其首徒，七〇年代起開始跟隨江女士鑽研傳統粵式烹調技術，視飲食為一門大學問。大師姐在《飲食男女》及《信報》有個人專欄，每星期與讀者分享食譜和美食心得。

致勝關鍵：用「心」經營

管理一間餐廳從來都不是一件容易的事，更何況是一整個餐飲部門。老子曰：「治大國如烹小鮮」，但箇中的真諦是在哪裡呢？

從事飲食行業多年來的工作經驗告訴我，無論是管理餐廳還是廚房團隊，都不外乎一個宗旨：一字記之曰「心」。一個用心並能坐言起行的管理人員，遠比擁有聰明才智來得重要。特別是市場上的競爭激烈，不論餐廳及廚房，在管理上兩者都要用心經營，才能致勝。Sammy 在文華廳的發展歷程上，不難看到他用「心」地投入工作。

跟 Sammy 於香港文華東方酒店共事多年，很高興能與他一起把文華廳重新打造，在中菜餐飲市場上成為廣受注目的活躍分子，再而成為擁有米其林星級榮譽的中菜餐廳。當中跟 Sammy 努力合作和經歷的種種過程，包括共同商討改造餐廳的策略、四處找尋拜訪各省客席廚師作餐廳推廣、安排運作細節、為文華廳各隊員與管理層作溝通橋梁、與市場推廣部門一起訂立推廣策略，回想起來，確是受益不少，令人回味無窮的。

廚房及餐廳服務團隊是不可分割的組合，合則如魚得水，不合則水火不容。Sammy 在建立文華廳兩隊人員的合作性及溝通上下了不少苦功，其感染力及親和力是有目共睹的！Sammy 雖然同時管理數間餐廳，但他跟我的團隊合作時，對很多大小瑣碎事務也不厭其煩，用心參與。尤其在團隊人事管理上也常常親力親為，例如人手管理策略及人選、在資源不足或工作量增加時安撫員工等；他又經常和各級員工溝通，他常言道：如果員工做得開心，服務團隊及廚房團隊一團和氣，餐廳氣氛會更好，客人就更加喜愛我們。

雖然各自離開香港文華東方酒店已有數載，這一年間更港台兩地分開，大家也不時保持交流飯聚。Sammy 一直以來對工作抱著認真投入的態度，凡事為人設想，也在工作中不分等級毫不吝嗇的賜教，無私地培育員工，我相信這些都是跟他成功和深受員工愛戴的原因，有幸跟 Sammy 於香港文華東方酒店合作，是我的福分。

感謝 Sammy 邀請我於他的首本著作寫序，希望他的著作能為有心加入餐飲服務業的年輕人或現正於餐飲服務業工作的各員工，帶來正面的啟發。在此謹祝他的著作大賣、成功。

名人檔案

李文星師傅從事餐飲廚藝工作超過三十年，曾任職於香港多家著名的餐飲機構及酒店，中國國家主席習近平、美國總統柯林頓、英國首相布萊爾、香港首富李嘉誠等許多政要名人都曾是他的座上客。李師傅二〇一一年一月加入香港文華東方酒店任中菜總廚，同年年底，文華廳摘下米其林一星榮譽。李師傅現為香港 Maximal Concepts 飲食集團的中菜行政總廚。

期待台灣餐飲業更加蓬勃

認識 Sammy 的過程，是透過一位香港好朋友的引薦。同是香港人，好友對他過去在香港文華東方酒店集團表現卓越，還被集團指派從香港飛往倫敦接待元首級人物的專業讚賞不已，因為知道好朋友對餐飲好物的細膩要求，也讓我對這位面帶笑容的紳士產生好感。

接下來的幾次來回餐敘，讓我陸續認識 Sammy，他給我的印象除了高度專業以外，還有很實在、很誠懇的感覺，就像那種從平地起高樓的踏實感，想必是他二十年的餐飲管理實戰經驗造成的。幾次接觸，我們一見面就會聊上兩個小時，從餐飲、管理、米其林聊到興趣，身為同行，我知道持續二十年在餐飲服務業不斷重複相同的程序，一定要有很大的服務熱情！

我尤其喜歡觀賞他的攝影作品，聽他娓娓道來每一張照片背後的故事，那像極了我做事的態度：專注、等待與不放棄。有時我看到美麗的照片，也會忍不住向他討版權來臨摹。

我很佩服這位小老弟，得知他要出版一本書分享餐飲經驗，我期待 Sammy 的新書圓滿成功，也希望有更多青年學子和社會人才加入餐飲業，讓台灣的餐飲業更加蓬勃。

名人檔案

欣葉國際餐飲集團董事長。一九七七年，「欣葉」成立之初就由現任董事長李秀英女士經營，並打破當時台菜餐廳只有清粥小菜、無大菜的既定印象，為第一家將台灣筵席菜帶入台菜的餐廳。欣葉也是台灣唯一一家榮獲政府邀請補助，遠赴日本推廣台灣美食的餐廳業者。

最打動我的是他的熱情與努力

我認識 Sammy 數年，並分別在香港和台北兩地與他共事。認識他的那個年頭，他仍在香港文華東方酒店工作，當時讓他轉投過來我任職總經理的香港怡東酒店，我實在感到欣喜。Sammy 在職那段期間帶領著整個團隊為中菜餐廳「怡東軒」重新定位，怡東軒最後在二〇一七年獲得了香港米其林一星餐廳的榮譽。

後來我到了台北，想找一位有能力將台北文華東方酒店的餐廳都打造成「台北好去處」的人，就這樣，Sammy 離開了香港怡東酒店，再次加入了我的團隊！Sammy 任內致力把 Café Un-Deux Trios 打造成城中自助餐的人氣之選及重新審視酒店每間餐廳的營運概念模式，包括於本年不負所望成功打進首次台北米其林指南一星餐廳的行列的中餐廳「雅閣」及獲米其林推薦的義大利餐廳 Bencotto。

Sammy 總是最能打動我的，是他對自己所選擇的事業一直全情投入和充滿熱情，非常用心努力地學習及吸收餐飲領域的新鮮事及最新的潮流和趨勢，讓自己不斷地進步。

能藉此文表示我對 Sammy 的支持和表揚他的努力不懈，深感榮幸。

名人檔案

澳籍德裔的施峻彥先生曾經在澳洲、德國、沙烏地阿拉伯等各地知名酒店擔任管理職務，亦曾任香港麗思卡爾頓酒店的酒店經理及營運總監，擁有超過三十年豐富的酒店經驗。二〇〇三年他加入文華東方酒店集團擔任香港文華東方酒店駐店經理一職，翌年被擢升為德國慕尼黑文華東方酒店的總經理。二〇〇七年轉往澳門文華東方酒店任職總經理後，於二〇一〇年回到香港出任怡東酒店的總經理。二〇一六年至二〇一八年五月期間擔任台北文華東方酒店總經理一職。現為馬尼拉新濠天地酒店餐飲副總裁。

凡事用心，理想必達

為森美（Sammy）的首作寫序文，除了深感榮幸之餘，對他在事業發展上所取得的成就，有著無比的喜悅，頗為與有榮焉。

轉眼間，和森美共事，進而成為朋友已踏入第十八個年頭，從私人會所開始到重返酒店業，大家在中、港、台為著事業和生活奔波，我們相互有一種無形的默契，不定時的聚會，分享各自的最新狀況，見證著大家在不同領域的成果。

時代以極速在改變，千禧世代以雷霆之勢在影響著主流社會的意識形態。作為職業經理人，除了要具備自身行業的豐富經驗外，待人接物要將心比己，從對方的角度去滲透事情，觸動人心。森美正正是這方面的專家，他各方面的才華和知識，為眾多的親朋友好，新老顧客，演出著一幕幕讓人或驚嘆或感動的餐膳體驗。森美的粉絲之多，交遊之廣，實為業內少見。看著相機公司以森美的傑作所印制的桌曆作結：凡事用心，理想必達。

名人檔案

俞小俊先生擁有二十多年國際酒店管理經驗，曾在瑞士、義大利、加拿大及香港多家知名酒店餐飲機構擔任高級行政管理職位，包括香港賽馬會會所總經理、上海金茂君悅大酒店經理、杭州凱悅酒店總經理、香港君悅酒店總經理及現任凱悅酒店集團中國區營運副總裁，是酒店業界擁有非凡卓越成就的精英人物。

千里馬常遇，伯樂難求

想了很久，也不明白為何 Sammy 會找我這個學識不深的人為他的新書寫序。當然我是深感榮幸的。

人前人後我稱呼 Sammy 作「Paco」，原因是他就如人稱「金牌經理人」的香港演藝界經理人黃柏高（Paco）先生一樣，擁有獨到眼光，知人善用，擅長包裝推廣，由他一手栽培的藝人（廚師）大都能夠變得人氣高漲，大紅起來。他旗下的藝人上台領獎時都說「多謝 Paco」，而我作為廚師，與 Sammy 共事期間，也有幸幾度拿下廚藝獎項，不時在領獎時親口說聲「多謝 Paco」！

二〇一一年我在文華東方酒店工作時認識了 Sammy。我在文華默默耕耘的兩年間，與他交談的機會或許沒有超過三小時，但原來他是一直有注視我的工作表現。二〇一三年，當怡東酒店中菜行政總廚一職出現空缺時，我被他邀請出任此職。自此正式與 Sammy 展開更多更深的交流，共同打造怡東軒「奪獎奪星」之路。

Sammy 是一位非常愛惜廚師但要求頗高的老闆。他很有策略地鋪排關於我自己及怡東軒的宣傳、推廣及包裝。內至食物擺盤、菜式命名、創作招牌菜式、與樓面互相合作、向財務部及人事部爭取資源；外至與傳媒打交道、四處找尋優質食材、籌謀烹飪比賽的策略，全都給我提點指引，處理得井井有條，使我能專注烹飪工作外，也因此被他激發更佳潛能、追求更極緻廚藝。

猶記得他建議研發的首個怡東軒招牌菜式「二十五年陳皮紅豆沙」，從落實研究那天開始，我每天不斷試做並與他一起改良試食，足足做了七次才能令力臻完美的他滿意並推出上市，後因應客人口味，又再作多番改良，那時不得不向他說笑地「提出警告」，如因此得了糖尿病，公司一定要負責賠個「工傷」！

積極參與烹飪比賽是 Sammy 的推廣策略之一，與 Sammy 在香港怡東酒店共事的三年間，怡東軒團隊參加香港旅遊協會舉辦的「美食之最大賞」烹飪比賽，幸運地共奪得了七項大獎，其後更得到香港米其林一星的認定。

Sammy 亦是文華酒店集團中唯一一位在他帶領之下的所有中餐廳都能奪得米其林星級榮譽的餐飲總監。

我在自己的 Facebook 寫道：「曾經有一位好朋友跟我說，與 Sammy 共事有如中＊六合彩二獎」。而我在怡東酒店跟著他可以說是中了六合彩頭獎！我希望將來能夠再跟他共事，再中一次六合彩金多寶獎。用「千里馬常遇，伯樂難求」來形容我和他的關係應該是最貼切不過的了。

最後，祝 Paco 一書風行。繼續帶領更多廚師走向摘星之路。

＊注釋：六合彩是由香港賽馬會提供獲香港政府准許合法進行的彩票活動。

名人檔案

黃永強師傅現任香港中廚師協會副會長。以正宗粵菜見稱的黃師傅有三十年餐飲廚藝工作經驗，曾於不同廚藝比賽屢獲殊榮。於二〇一一年加入香港文華東方酒店的中餐廳文華廳，二〇一三年出任香港怡東酒店中菜行政總廚，由他領導的怡東軒於二〇一七年底成功打入香港米其林一星榮譽的行列。

以心待人

我於一九七三年決心加入酒店行業，文華東方酒店是我的首選。從低做起，包括行李員、行李員領班、詢問處主管、餐飲培訓、值班經理、宴會部經理、副餐飲部經理、餐飲部經理及現任行政副經理，共四十五年之久。

於一九九八及一九九九年間，朱鎔基及江澤民兩位國家中央領導人曾先後到英國作官式訪問，下榻倫敦海德公園文華東方酒店，由於酒店沒有中菜廳，我被借調以「文華東方大使」身分到倫敦專責朱總、江總及其隨行官員一百六十人的飲食及起居。

兩年前一個下午，收到 Sammy Wu 來電告知，他將會被派到英國接待習近平領導人，欲與我溝通怎樣款待國家領導人心得，我欣然答允與 Sammy 茶聚，分享經驗。要知道我第一眼見到 Sammy 在文華扒房做服務生，已察覺到他是屬於服務業，也是「人」的行業，Sammy 待人接物洞悉人心，想賓客之所想，機會是留給有準備的人，他被派到英國招待主席之前，與我茶聚，那就是做足功課，作好準備，Sammy 為何如此成功的原因，可見一斑。他以心待人，不但在職場成功，在人生的路途上，也可富足一世。

名人檔案

香港酒店界的一個傳奇，服務香港文華東方酒店四十五年。他服務過的國家元首、官商名人多如天上繁星。他亦致力培育下一代，為酒店員工、大學生、私人機構的員工等主持講座或培訓班，於二〇〇七年曾出版《贏盡客人心》，把自己的「寵客」心得教授後輩，對酒店業作出重大貢獻。黎先生的座右銘是「以心待人，寧可人負我，我絕不負人。」他堅毅不撓的人生態度與「以心待人」的專業精神，贏盡客人心。

人性觀察者

認識文華餐飲總監鄔智明時間不長，但他是個容易讓人留下深刻印象的人。他觀察力相當敏銳（可能源於他的攝影功力？），善於體察他人需要，還有他思索事情的角度和謙虛。與他一起聊天吃飯或論事，都是個愉快且可以學習到許多的時刻。

然而我最喜歡的是他的真誠。高級飯店業來往的人不乏名流富豪，紙醉金迷的場合當然也不少，長期在如此環境裡仍保有一顆對人的謙遜的心與如孩童般的稚誠，非常難得。

他對事物的好奇，追究，鑽研，有一種動人的氣質與氣魄。可能因為他的眼光與視野往往不侷限在專業。當他為了研究某個食材或是嚮往某個景色與風俗，那份執著與堅持帶著他上天下地，無所不去。這可能也是為何鄔智明的處事予人一種格局恢弘的感覺。

但是我知道的鄔智明總是從人的角度來思考他的職務，這一點最讓我佩服。飯店業離不開人與人性，只有從人的角度來看待，才可能有真正的服務精神——因為服務的兩面都是人。

鄔智明用他的經驗，觀察，專業，深思整理出來的這本書，令人期待。

早期飯店管理的偶像人物就是亞都麗緻總裁嚴長壽。這麼多年來台灣、全世界飯店餐飲有很大的變化演進，我們該期待出現一個能給予台灣飯店業二十一世紀眼光與格局的代表人。

鄔智明就是我心中值得期待的那個人。

名人檔案

台灣彰化人，以書寫飲食旅遊為業。作品有《慢食》、《慢食之後》、《飲酒書》、《星星的滋味》等。以記者與作家身分居住法國巴黎至今達二十多年，同時也是歐洲旅館大獎 Villegiature Awards 評鑑委員。

作者序——鄔智明 Sammy Wu

食色性也，充滿樂趣和挑戰的行業

中學畢業那個年頭，面對自己的前途，從三個不同的學科中選擇了酒店管理這條路，沒有想過入行一做便做了二十多年。

當年一起讀酒店系，感情比較要好的九位同學中，畢業後只有一半選擇從事與酒店或餐飲業相關的工作；不出五年，只剩下三位還未轉行；現在，只有我一人仍然在酒店業界中從事面對顧客服務範疇的工作，在餐飲管理上繼續打拚。

餐飲管理，確有比其他行業需要付出較多的部分。工作排班跟辦公室工作很不一樣，與「朝九晚五」的朋友相約聚會比較不容易；別人都在歡愉慶祝的節慶日子你多要上班，要另覓日期與家人慶祝；工作上也需要相當的體力，每天站著工作的時間長，快步走動七至八個小時是等閒事；餐飲管理也不是憑著學業成績好，拿著畢業證書便保證能平步青雲，還得靠個人經驗及表現才能晉升。從某些角度看，這確是一個先苦後甜的行業。

回望過去二十多年酒店生涯，當中有不少獨特的體驗，豐富了我的人生，所招待過的客人，包括中、英、美、加等國家的領導人、香港港督及特首、商界領袖、社會賢達、世界級的歌影名人。在香港認識來自酒店及飲食同業、傳播媒體、廣播界、飲食評論、公關等等不同界別的名人朋友不計其數；此外，還有不少指導勉勵我的良師益友、理念一致共同進退的戰友同事，及不少通情達理待人真誠的好顧客；即使來台只有一年半，也結交了不少這些範疇中見多識廣的老師前輩，這一切一切，不單增強了我的人脈網絡，更重要的是，從他們身上學習到的專業知識，和他們與我分享的人生閱歷都令我獲益良多。

所謂「食色性也」，酒店餐飲這個行業讓我有很多機會嘗到世界美食、一級名酒，有機會與世界名廚及服務業領袖合作及學習，滿足口腹之欲之餘也能豐富自己的餐飲知識，飲食業是一個隨著時代、社會、季節的不同變化，需要不斷注入新意及創意的工業，與刻板的辦公室工作相比，酒店飲食業的工作充滿了樂趣和挑戰，不容易讓人感到沉悶乏味。

隨著港台兩地的酒店不斷邁向國際化，酒店數量愈來愈多，大學和專業學院也增加了不少酒店管理相關的課程。現時的年輕人只要能帶著熱忱投入工作，在酒店業界的發展和晉升機會，與以往相比，絕對更多更快。

我希望這本書能為對有興趣投身酒店服務業的年輕朋友及在職的同業提供多少參考作用和啟發。

藉此，要感謝三友圖書社長程顯灝先生、總編輯呂增娣小姐、主編翁瑞祐小姐、主編徐詩淵小姐、資深編輯鄭婷尹小姐、行銷總監呂增慧小姐、資深行銷吳孟蓉小姐的邀請和指導，讓我有機會整理和回顧自己二十多的酒店工作經驗，出版成書。還要感謝為我寫序的各位良師益友包括：Mr.Michael Ziemer、李秀英女士、謝忠道先生、俞小俊先生、黎炳沛先生、李文星師傅、黃永強師傅和大師姐，謝謝他們長久以來的指導、鼓勵和支持。

最後，我最感恩和感激的，是我的太太Rachel。我們從修讀酒店管理課程時開始認識，還記得畢業後那個還沒有行動電話的年代，在酒店工作中又不方便打電話聯絡，很多時候為了爭取時間見面，她在酒店門口等我下班往往等上兩、三個小時。這些年一路上有著她全心地支持，包括對我長時間的工作模式加以容忍和體諒，在我的學習和發展方向上給予寶貴的意見，相互交流和分享工作與生活上待人接物的心得，在人生起落中作為我的精神支柱，更無私地支持我事業發展上每一步的決定。沒有這生命夥伴的支持和鼓勵，我絕不可能走到這裏。這本書得以完成，要特此感謝她全程的參與和支持、分享意見及協力校對等的工作。

作者介紹

土生土長的香港人。現任台北文華東方酒店餐飲總監。

香港理工大學酒店及飲食業管理學文學士。畢業後曾往日本進修日語，加入餐飲服務業超過二十年。曾任職於香港賽馬會（The Hong Kong Jockey Club）、香港港麗酒店（Conrad International Hong Kong）、香港文華東方酒店（Mandarin Oriental Hong Kong）及香港怡東酒店（The Excelsior Hong Kong）。由酒店餐廳基層的服務生做起，之後在不同類型的餐廳工作，累積了豐富的餐飲知識。

二〇〇九年被香港文華東方酒店擢升為餐飲部經理，三年後專職往同一集團的香港怡東酒店，出任餐飲總監一職，成為文華東方酒店集團五十多年以來首位華籍餐飲總監。於二〇一六年中躍出香港，接任台北文華東方酒店餐飲總監一職。在文華東方酒店集團旗下三所酒店工作期間，由其專責重點改革的三間高級中餐廳，均先後獲得米其林星級榮譽。

過去曾服務過無數國家元首政要及國際歌影明星名人，其中包括英國首相、中國國家主席、英國皇室、加拿大總理、香港數任港督及特首、台灣前任及現任總統等。此外，還有好萊塢巨星湯姆·克魯斯（Tom Cruise）、休·傑克曼（Hugh Jackman）、《惡靈古堡》電影系列女主角蜜拉·喬娃薇琪（Milla Jovovich），韓星孔劉，NBA籃球明星史蒂芬·柯瑞（Stephen Curry）及姚明，台灣的蔡依林、林志玲、陳妍希、林青霞、舒淇，日本球星中田英壽，香港的張國榮、張曼玉、張學友、劉德華、郭富城、黎明、周潤發、劉嘉玲、梁朝偉、黃子華、楊千嬅等均曾是其座上客。

鄔智明除先後成為「米芝蓮香港澳門」及「米其林台北」官方網頁的專欄作家，也熱中發掘各地飲食面貌，亦熱愛旅遊及攝影，捕捉各地美景人情。曾獲不同類型攝影獎項，其攝影作品曾獲選於相機品牌「Nikon」香港的陳列室中展示，及多次刊登於「Nikon」的香港年曆中。

目錄 CONTENT

推薦序

作者序

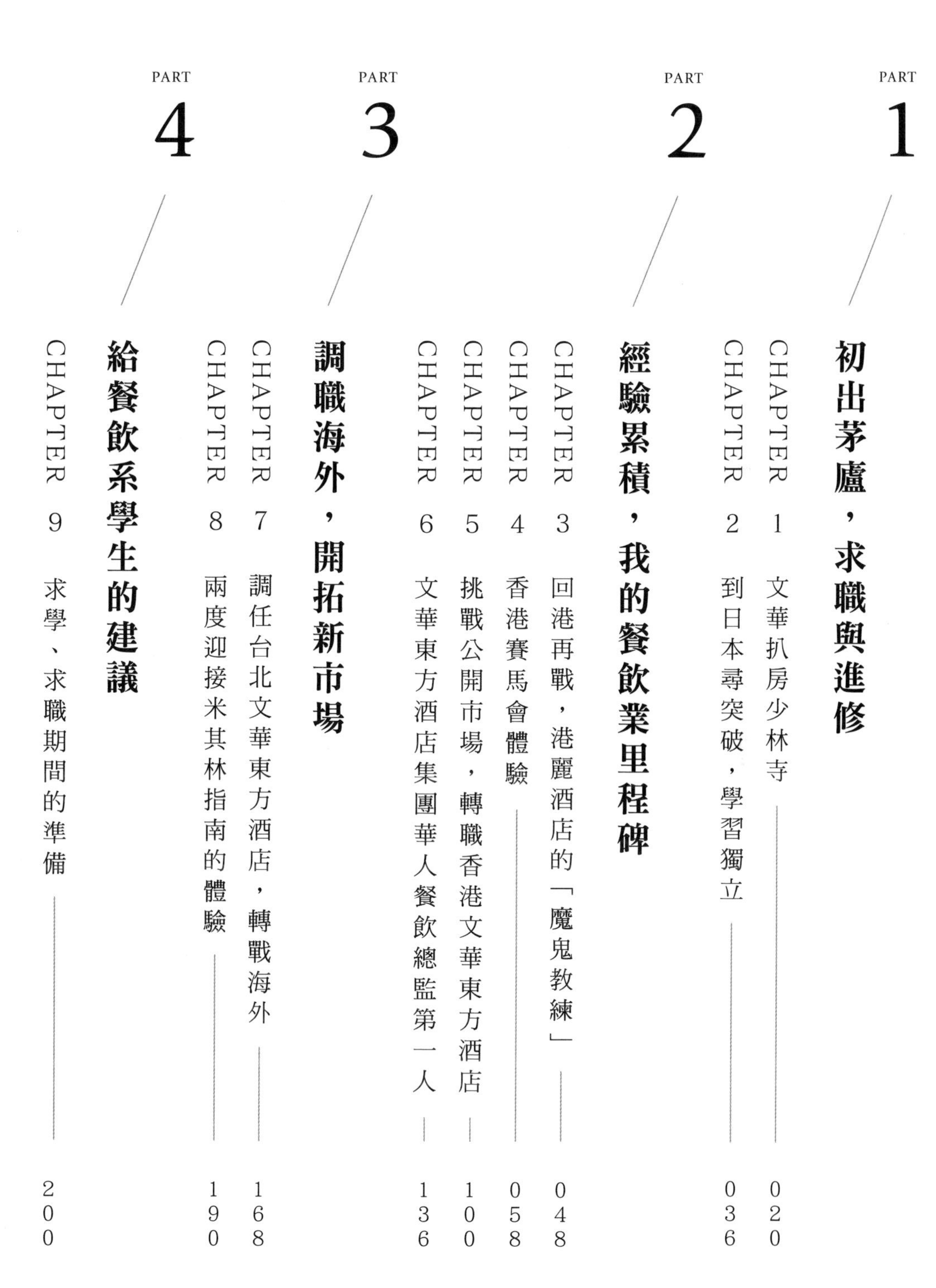

PART

1

初出茅廬，求職與進修

工欲善其事，必先利其器，
從求職到日本再進修……
每一次的機會都該牢牢把握。

CHAPTER 1

文華扒房少林寺

在文華扒房所學，是少林寺工夫，根底扎實，所有大路的高級西餐知識也能習得，運作模式是以速度為本……

畢業後，初出茅廬的我已立志投身酒店的餐飲業，而且目標已很明確，最想投身的兩大心儀的酒店就是「香港文華東方酒店」和「香港半島酒店」。當時，香港君悅酒店及麗晶酒店（現在的香港洲際酒店）剛開始營運不久，港島香格里拉酒店、港麗酒店等還沒有出現，要數歷史最悠久、檔次最高的，非這兩間名牌酒店莫屬。

那個年代，酒店多在一些主流大報，特別是英文報章，刊登招聘廣告，看到有合適的工作，便寫求職信郵寄到酒店應徵。信件寄出後不出三天，已收到文華酒店來電相約面試。還記得面試當天，一天之內過五關斬六將，完成了三個面試過程：分別是人事部主任、餐廳經理、餐廳的 Maitre d'（比餐廳經理還高一級的餐廳主管），然後跟人事部經理作第二輪面試之後，當天馬上獲得聘用；同日，已被安排到酒店指定醫療中心進行入職前的身體檢查。最後，於同一星期，收到正式上班的通知。相對文華東方酒店，收到半島酒店面試通知的時候，由於大致上已跟文華東方酒店確定了聘用的協定，所以沒有接受邀請，就這樣與文華東方酒店結下了緣。

文華東方酒店提供了三個「服務生（Waiter）的職位空缺給我選擇，包括：客房餐飲服務部（Room service）、文華中餐廳「文華廳」、以及文華扒房（Mandarin Grill）。按照當時的考量，客房餐飲服務部的崗位面對客人、與客人互動的機會比較少；至於「文華廳」，一般香港人或多或少對中菜都有基本認識，但對於「扒房」這類高級西餐廳的菜式熟悉的客人則相對地比較少，要學過、吃過才懂吃。從這方面思考，於是便選擇了「文華扒房服務生」作為我人生的第一份職業。

比「七級浮屠」還要多的餐廳架構

話說文華扒房，就是職位也分為九個等級，當時被笑稱為「九級浮屠」，各個等級各司其職。由此可見，從事酒店餐廳的事業階梯很長，也有很多晉升的機會。

第一級——清潔人員（Cleaner）

清潔人員負責餐廳的打掃工作，不用接觸客人。

第二級——初級服務生（Junior Waiter / Junior Waitress）

初級服務生除了預備餐具、酒杯、水杯、餐巾、醬汁、奶油等，還須負責餐桌擺設、以及客人用餐完畢後收拾餐具等，但為客人點餐可不是初級服務生或服務生的工作範圍。

第三級——服務生（Waiter / Waitress）

服務生負責「桌邊服務」（Gueridon service）的擺設和準備。客人點菜後，有需要的話需替客人換上合適餐具，按客人需求把桌邊服務用的小餐車準備好在客人的餐桌旁邊。

第四級——部長（Captain）

一個餐廳通常劃分成幾個區域（Section），每一區的主管也就是部長。部長為其區域內的客人服務，按照客人要求去推介餐飲及點餐，按需要控制上菜速度，確保每桌的奶油、麵包、餐飲、牙籤等也適時奉上，詢問客人對餐飲和服務的滿意程度及跟進要求。

與部長同級的，還有領檯員（Receptionist / Hostess）及Carver。

領檯員是客人進入餐廳接觸到的第一位餐廳代表，不論客人來電訂位、查詢、預訂私人包廂及菜單、還是親身到臨，均由領檯員給予客人第一印象，絕對是餐廳的靈魂人物。在餐廳滿座或客人流量高的繁忙時段，對於座位分配和管理，領檯員的崗位顯得尤為重要。

值得一提的是「Carver」這個職位，他是專門負責菜單上數款特定菜式，於餐廳現場或客人面前進行「後期製作」，菜式包括：文華扒房內的「燒牛肉銀車」（Roast Beef Silver Wagon）、「蘇格蘭煙熏鮭魚」及「新鮮沙拉」等三項。

客人點選了燒牛肉菜式後，Carver便依從客人所要求燒牛肉的生熟程度及厚薄喜好，在他安排裝備好的燒牛肉銀車上，從一整隻已經煮好的燒牛肉中切出適當部位及分量並添上燒汁、配上約克夏布丁（Yorkshire Pudding）、客人自選的馬鈴薯款式及裝飾等。

還有蘇格蘭煙熏鮭魚，是以專用來切鮭魚的長柳葉刀，從原條的蘇格蘭煙熏鮭魚身上削出厚薄均等、薄如蟬翼的魚片，配上當場烤好的薄吐司、生洋蔥圈、破布子（Capers）、蝦夷蔥（Chives）、酸奶油（Sour Cream）、鮮檸檬汁等。

至於新鮮沙拉，是Carver從餐廳的沙拉吧，利用最新鮮的食材，按要求為客人現製個人化的沙拉。一般來說，若客人點選了凱撒沙拉（Caesar Salad），所屬區域的部長便會為客人席前製作；如果客人不需此項服務，Carver便會代勞把沙拉調製好。

作為Carver，刀功要純熟到位之外，時間及組織能力也要掌控得宜。因為同一桌的客人，除經由Carver所出的燒牛肉、鮭魚或沙拉外，也可能點選從廚房製作的菜式。假如Carver出菜較其他廚房菜式慢，做好的廚房菜式便要擱著，等候與Carver的菜式同步上桌。相反地，Carver出菜過早，沙拉放久了變得不爽脆、煙熏鮭魚也會變乾，燒牛肉變冷、配上的烤吐司也變冷了。

此外，每天廚房會準備一個雲石起司盤，放到扒房餐廳內的沙拉吧旁。Carver的另外一項工作，正是為每一款起司插上介紹名牌。雲石盤內擺放著約九至十二款各式各樣的起司組合，其中的三分之一每天都會被更換。尤記得當時存放在餐廳的起司名牌，有超過一百三十多個！每一晚餐廳開放前十五分鐘，便是廚房送出起司擺盤的時候，資深的Carver當然很快能把名牌插好，有時候，起司一被送來，當值部長、副經理們更會爭相討論起司的名稱，眾人鬥快鬥準把名牌插好，餐廳瞬時變成一個英雄會。由於起司種類繁多，對某些近似起司名稱有爭論，得不到共識的時候，往往會等英籍 Matire d' 到場後提供最終答案及解說。有時甚至要勞煩廚房把包裝袋子拿出來，驗明正身呢！剛入職不久的我，每每喜歡趁機在一旁觀察學習，逐一把起司名字記下來。在沒有智慧手機的年代，就只能用小小的筆記本，把一切記錄下。

「Carver」這個職位到九〇年代中期開始消失，現在已經絕少聽到。即使早在餐廳服務生人數充裕的六、七〇年代，Carver 這職位相信也是絕無僅有的，遑論現在這個講求效率、架構精簡的年代呢！當年決定聘請我的餐廳經理 John Chan，便是由 Carver 逐步被提升至餐廳經理，也是當時華人在文華扒房的最高職位。

第五級、第六級——助理服務生領班（Assistant Headwaiter）、服務生領班（Headwaiter）

比部長高一個級別的是助理服務生領班，而再高一個級別就是服務生領班。助理服務生領班負責協助服務生領班協調和管理餐廳各個區域的運作，特別在餐廳最繁忙的作戰狀態下，助理服務生領班又或服務生領班便需給予最適切的輔助。例如，某區客人的用餐時間很匆促，要求餐廳配合，那麼，此時便要與廚房聯繫和協調，調動出菜次序和加快上菜的速度等。又例如，在同一時間有數席客人需要提供席前桌邊服務，部長應接不暇的時候，他們便得支援了。

後來已沒有這麼細分助理服務生領班和服務生領班這兩個職位，統一成為服務生領班。其工作內容除了於前場對應顧客外，也需要學習及負責一些餐廳行政管理，如銀器

每一個餐飲時段開始，每個員工就像上了戰場，大家都要集中精神、傾盡全力，把工作做到最快、最完美，才能符合期望。

（Silverware）、瓷器（Chinaware）、玻璃杯具（Glassware）等營運器具的盤點工作。更換新菜單時，也須負責菜單的排版與印製工作、更新點餐系統、教育員工等；此外，還會協助培訓工作，灌輸員工餐飲知識。近年，餐廳衛生及風險管理（FLHSS）的相關管理及跟進工作也納入了服務生領班的工作範圍了。由於工作繁重，一間餐廳大抵會同時聘用多位服務生領班，各項行政管理工作便可不時交替轉換，讓他們熟悉多方面的行政管理知識。

在餐廳的員工編制上，除餐務服務生外，另外也有酒吧服務生（Bartender）和侍酒師（Sommelier）團隊的編制。酒吧服務生負責餐廳酒吧的運作，提供各式飲料、礦泉水、果汁、啤酒及各式雞尾酒等。至於侍酒師和總侍酒師（Chief Sommelier）職位屬服務生主管或副經理級，是負責統籌餐廳的酒類服務，為客人推介及配酒。總侍酒師主理餐廳的所有飲料安排：決定餐廳的酒類選擇、存貨量、負責酒單（Wine List）上不同地區、不同酒類的列印編排、制定賣價、管理酒庫及與各酒商商討美酒晚宴（Wine Dinner）或美酒推廣的安排。還有管理及安排杯裝酒的選擇，決定餐後酒餐車（After Dinner Liquor Trolley）的選酒。此外，也負責每月的酒類存貨盤點工作及培訓餐廳員工的酒類知識。總侍酒師一般會有一至兩位侍酒師協助，侍酒師職位則屬部長級別。

第七級——餐廳副經理（Assistant Restaurant Manager）

餐廳的副經理是餐廳的大內管事，除監察及維持餐廳的整體運作外，也負責比較重要及影響全體員工的全面性行政職務，如員工的班表及假期編制、客人小費的管理、各大小型推廣活動的準備工作，例如聖誕、新年及情人節的推廣安排等。近年，餐廳衛生及風險管理的相關管理及跟進工作也納入了副經理的工作範圍。

第八級——餐廳經理（Restaurant Manager）

經理當然是每間餐廳運作的領導人，熟悉團隊中各成員的長短處，適時調動團隊資源，並有策略地應付各種營運情況的轉變及需要。了解餐廳團隊整體上的需要，是團隊跟 Maitre d' 溝通的重要橋梁，他也不時代表餐廳與其他部門溝通聯繫。當餐廳內部有空缺，並打算作內部調升時，餐廳經理的意見就是 Maitre d' 最重要的參考資料來源。

第九級——Maitre d'

Maitre d' 是一間餐廳對外溝通的代表人物，但並不是每一間餐廳都有 Maitre d'。他的主要職責，除了在餐廳與客人溝通、提供服務外，對外亦跟酒店管理層及其他各部門進行交流商討，制定餐廳的營運策略、菜式價格、市場推廣計畫及財務預算等。餐廳如果沒有這個職位，通常由餐廳經理同時兼任兩個角色，並把一些內部運作管理的工作下放至副餐廳經理。若客人對餐廳的出品或運作反映了意見，也多是由 Maitre d' 或餐廳經理直接與客人跟進處理的。

制度決定速度及成本——台港差異

香港是講求「速度」和「效率」的社會，在街上、地下鐵路的月台，每個城市人都帶著急速的步伐，生活節奏忙碌，餐廳的運作亦然。

一般高級酒店的餐廳，即使設下營業時間，但實際運作上只會定下最後點餐時間（Last Order），不會像百貨公司般有硬性的關門時間（Closing Time）。以文華扒房為例，餐廳提供早、午、晚餐服務。按照餐廳的編制，午餐時段過後，三點左右是早班員工下班和二頭班（Split Shift）員工的空班時間。三點過後，餐廳只會編排兩位同事打點一切和為晚上做些準備工作，偶爾也要照顧午餐時段尚未離開的客人。所有不用當值的員工，在三點或以前，客人一旦結帳離開，便必須把屬於自己區域的餐桌重新擺設妥當，為晚餐時段做好準備；除了一些特別推廣活動或特別節日的日子外，所有超出三點以外的工作時間，一律不能計算及記錄為「超時工作」，也就是說不能獲得超時工作的補薪了。

因此，各區往往形成了「速度比賽」的心態，在三點以前若不能完成所有工作，是沒有面子的事情。各區的速度比賽打從第一桌客人坐下的一刻已經開始了，能夠早一點為客人點菜，便可以讓廚師更早開始預備。整個餐廳可以坐上三十多桌客人，大多數的客人會在下午一點至一點十五分時段到場，在這段黃金十五分鐘內，各組員工也盡量爭取時間，務求為客人盡快點餐。當然，菜式之中，製作時間也有快慢之分，烹煮一客龍蝦湯比做一客桌邊凱薩沙拉快；而一份即切即有的燒牛肉，也一定比製作一份七分熟的沙朗牛排要快。一點五分送入廚房的菜單，往往比一點十五分才送入廚房的菜單排位前十幾二十位。

至於客人用餐後的餐具會由管事（Steward）清洗，清洗完畢的餐具則由各部長安排旗下的服務生到餐廳後場擦拭乾淨，並重新擺設回餐桌上。因此，若不能及早分配人手擦拭餐具的話，清潔好的餐具已經被擦乾淨拿走，後來的人就只能等到其他客人離開，把用過的餐具回收給管事清洗乾淨之後，才能開始擦拭餐具的工作；那麼，要完成自己區域內的餐桌擺設工作，自然要比其他區域還慢了。

其實，能盡快完成工作準時下班是每一個員工的願望，但畢竟高級餐廳對服務品質的要求也甚高，服務團隊做事不單要求效率準確，舉止和應對也要優雅、表現必須專業。所以，在這種制度下，每一個餐飲時段開始，每個員工就像上了戰場，大家都要集中精神、傾盡全力，把工作做到最快、最完美，才能符合期望，這個文華團隊的專業程度不是太難想像吧？

廚房方面，少量的加班也不會補薪，這是香港酒店業界的潛規則；不過，「少量」的定義卻見仁見智。

現在，台灣的酒店一般是由員工記錄每日的加班時數，由上級確認之後，平常日的加班費是以 1⅓ 至 1⅔ 倍計算。對員工來說，這樣的作法是比較公平的；但從工作效率來看，員工的積極性便沒有香港那麼強了。

至於員工的假期，不把有薪年假和國定假日計算在內的話，現時香港大多數酒店及食肆，均提供每個月五至六天例假給員工，只有不足兩成的酒店給予每月八天的假期，加班補薪以一比一的方法計算。

台灣現行的一例一休法例，規定公司除有薪年假及國定假日外，員工每工作七天，必須給予兩天的假期，即例假日及休息日各一天。如需要安排員工在休息日上班八小時，公司便需給予員工二倍多的日薪。所以，在人手不足、需要要求員工加班應付的情況下，台灣方面額外增加的營運成本就遠遠超過香港了。

半年不放假的半工讀歲月

中學畢業，我完成了工業學院的酒店管理文憑課程後，一直有繼續進修的想法。所以在求職面試的時候已經向酒店及上司表明自己的心意，希望抽出時間攻讀理工學院（當時香港理工學院還未升格為大學）的半工讀酒店管理課程，每星期上一堂課，一堂課就是上整天，為期三年。那時很感謝酒店及上司配合我，把例假安排在我的上課日；當時所有酒店每星期也只有一天的例假，換言之，必須有決心和做好心理準備，三年之內，除了學校的聖誕、農曆新年及暑假外，每天不是上班就是上課了，不過，這些假期都要用來做課程的作業及考試溫習的！

一九九〇年九月一號是我在文華扒房第一天上班的日子，兩星期後，酒店管理課程便開課了。新工作加上新課程，需要學的東西著實太多了，填滿了工餘大部分的時間，從九月開學至翌年二月份農曆新年前，幾近半年無休。

當年，有一些課是要求同學分組，以小組形式討論及完成專題作業，各組員需要在課餘開會討論後分工，也就是說，在全日制上午九點至下午五點的課堂以外，還需要兩、三小時的小組討論，及其他額外時間各自完成分工後的作業。在呈交功課或考試以前，多只能睡一、兩個小時，通宵達旦趕功課、溫習的日子也經常發生，回想起來很佩服自己的決心與毅力。

文華東方酒店的「雙寶」

文華東方酒店有雙寶。一位是扒房之寶，另一位更是文華的傳奇。

一九九〇年我剛入職文華扒房的那一年，有一位曾任餐廳副經理，已過退休年齡，但熱愛文華扒房、仍然繼續在此工作的老前輩——人稱「駒哥」的李能駒先生。當年，駒哥在文華扒房工作已經超過三十年，並已在數年前退休；但因為駒哥深受文華酒店許多老顧客的愛戴，而他也很想繼續為餐廳服務，在「信眾」強烈要求之下，駒哥便當上餐廳的客戶關係經理，每天以「客串」的形式回到餐廳服務一眾老顧客。駒哥是一部飲食寶庫典藏，很多客人的喜好，他也能牢牢記著，為相熟客人點餐時，很貼心、細微地因應客人的不同需要作出調整。

薑始終是老的辣，除了教導我待客之道外，也給予我機會向他學習凱薩沙拉、韃靼牛排（Steak Tartare）、黛安牛排（Steak Diane）、橙酒煮班戟（Crepe Suzette）、愛爾蘭咖啡（Irish Coffee）、魔鬼咖啡（Cafe Diablo）等席前桌邊服務菜式的烹製技巧。能在駒哥正式退下來之前從他身上學習寶貴的知識，真是我的福氣和榮幸。

另一位文華傳奇人物，是人稱「Danny 哥」的 Mr. Danny Lai——黎炳沛先生。黎先

駒哥是一部飲食寶庫典藏，很多客人的喜好，他也能牢牢記著，為相熟客人點餐時，很貼心、細微地因應客人的不同需要作出調整。

生在香港文華東方酒店服務至今已經超過四十餘年，從行李員到宴會部主管，再晉升至現時的「行政副經理」，對工作一直充滿熱忱。黎先生在香港的酒店界有最強的人脈關係，他接待過前國家領導人江澤民及朱鎔基，以及其他的皇室貴族、工商領袖、名人貴冑多不勝數；他屢次被委以「文華大使」的重任，世界各地的文華酒店都留下他服務貴賓的蹤影。黎先生不單是酒店優質客戶服務的保證，也致力培育後輩，指導酒店前線員工改善專業形象和教授待客之道，他亦曾擔任多間大學及公共機構的形象顧問並提供培訓課程，堪稱是酒店界的傳奇。

二〇一五年，我也曾以「文華大使」身分遠赴英國文華東方酒店，負責照顧現任國家領導人——習近平總書記及其兩百人的團隊，也是多得黎先生相助，分享及傳授他的寶貴經驗，給予我很多彌足珍貴的致勝錦囊。黎先生毫不吝嗇地傾囊相授，內心敬佩萬分，感激不已。

文華傳奇，忠心的不只是員工

香港文華東方酒店帶著一股魔力，在香港，若論硬體，香港文華東方不一定是最華麗、先進，最宏偉或擁有最佳景觀的酒店；但她在各類酒店評選中屢獲殊榮及名列前茅，其中主要因素便是貼心又典雅的服務，贏盡的是「人心」。一方面，香港文華東方酒店及其員工與客人建立了良好的關係，很多顧客給予酒店長年的支持，愛護有加；另一方面，酒店也善待員工，付出努力的員工都能得到肯定及公平公正的對待，因而員工也對酒店非常關愛。在香港文華東方酒店工作的期間，我也經歷了一些深刻難忘的忠誠故事。

在文華扒房工作時，有一位助理服務生領班V君，他從低做起，最後晉升至助理服務生領班的職位；他的姻緣也是在扒房結下的。後來很不幸的事情發生了，V君患了癌症，必須入院進行治療，但V君仍然記掛著餐廳的事情，經常把扒房的事掛在嘴邊，同事們探病期間，他往往跟大家道歉，說因為自己的病影響了團隊，要同事們分擔工作感到非常慚愧；然而他終究還是敵不過癌魔，與世長辭了。

V君臨終前向公司表達了他最後的一個心願：希望公司能把他平日上班穿著的扒房制服送給他作為陪葬的物品⋯⋯最後，公司當然是讓他得償所願了。

位於香港文華東方酒店一樓的千日里（The Chinnery），是一間非常典雅的英式酒吧。酒吧以英國著名畫家喬治．錢納利（George Chinnery）的名字命名，其軟墊沙發椅、綠色皮質長椅和木質鑲板都瀰漫著濃厚英式會所的氣氛。

千日里於一九六三年開幕，一九九〇年以前一直只招待男性顧客。很多英籍客人都因酒吧的傳統英式會所氣氛而長期光顧。其中有一位在香港工作的英籍客人，經常光顧千日里，獨愛其滿室英國紳士及殖民地的氛圍，後來因為業務轉移而回到英國，便有一段時間沒有再去了。有一年，他回到香港，衣裝筆挺地順道再訪千日里，一心緬懷以往在港的美好回憶；可是他卻發現酒吧的氣氛已經完全改變，餐廳對客人的著裝要求由正裝（Formal）轉為休閒便裝（Smart Casual），跟以往再也不一樣。入座的客人有些只穿著襯衫及休閒西裝褲，並沒有結領帶及穿上正式的西裝外套，他感到非常驚訝和失望，大動肝火，要求餐飲部最高級的主管當面解釋。當時的餐飲部經理也馬上趕到千日里與他會面，了解情況，雙方傾談了超過三十分鐘之久，期間這位英國客人向餐飲部經理訴說對於千日里的改變感到心痛不已之心情，說到激動處，更一時感觸悄然落淚！他對千日里愛之深的情懷，不言而喻。

尋求突破，轉往法國餐廳 Pierrot 學習

年少精力充沛，好奇心強，入職文華扒房一年從服務生升職為部長，才剛升職的我，心已再動想嘗試新的東西，尋求突破。又碰巧那時被鄰近新開的五星級酒店邀請轉職，與管理層商討發展路向之後，公司給了我另外一個新的發展機會 —— 轉職法國餐廳「Pierrot」。

Pierrot是位於香港文華東方酒店廿五樓頂層的高級法國餐廳。是文華東方酒店「Pierre」餐廳及「Vong」餐廳的前身。當年要數香港五星級酒店的法國餐廳只有三家：香港文華東方酒店的 Pierrot、半島酒店的吉地士（Gaddi's）及麗晶酒店的布倫廳（Plume，現址為香港洲際酒店，布倫廳已經改為 Alain Ducasse 的 Rech 餐廳）。Pierrot 餐廳是高價位餐廳，一般入職門檻也非常高，如果應試者沒有在高級餐廳工作的豐富經驗，餐廳的法籍 Maitre d' 是不會考慮聘請的。

在文華扒房工作時，已覺 Pierrot 團隊是精英，受到厚待；他們在員工更衣室內的制服儲物櫃也比其他同事的大，位處眾餐廳經理同一區域，明明就是經理級用的尺寸吧！在週末，餐廳也只有晚上營業，不用輪班，每天又能享受最迷人的維多利亞港景色，令人好不羨慕！

轉職後，才明白制服儲物櫃安排優越的真正原因。Pierrot的員工制服極為精美，晚上的制服跟日間是不同的。日間穿的是西裝配黑色蝴蝶領結（Bow Tie）；到了晚上，則要改穿為三件頭的燕尾禮服（Tuxedo），也必定要換上亮晶晶的漆皮皮鞋。如非特長的經理級用儲物櫃，根本收納不了這兩套制服。有員工更因為在外租借的禮服不及Pierrot制服的用料精緻及剪裁貼身，索性借用Pierrot的制服作為結婚禮服，制服的精美程度由此可見一斑！

在文華扒房所學，是少林寺工夫，根底扎實，所有大路的高級西餐知識也能習得，運作模式是以速度為本；從Pierrot學習的，是極緻的高級餐廳運作，菜式選擇不算多，但每道菜也精益求精。其招牌菜是一道傳統法式血鴨（Canard à la Presse），這個菜式需要兩位高級餐廳員工現場即席為客人烹調製作。從原隻烤鴨取肉、煎胸、榨血、調汁、擺盤，整個過程繁複耗時，觀賞度及味覺體驗可是一流。

Pierrot的私人包廂是與Cartier合作的，名為「Cartier Room」。廂房內使用的所有器具，由餐具、瓷器、水晶杯，至牙籤盒、員工用的打火機，也是Cartier名貴出品，到訪的皆是紳士名媛、工商達人、高官政要。要跟不同的貴客打交道，招呼妥貼，除具備專業餐飲產品的知識外，懂得運用不同的待客技巧也是十分重要的。

服務達官貴人的要訣

招待上流社會的客人，洞察客人的潛在需要是非常重要的。同一位客人，跟不同賓客進餐，所期待的服務也有不同。有些時候，客人希望服務生在賓客面前突顯他是餐廳的常客，有時卻不欲服務生提起他一天前剛來過用餐。主人家跟誰來吃飯，員工絕對不能主動提起，也不能表示認出賓客是誰。因同來的或是明星，或是政要領導，或是商界舉足輕重的人物。若被其他同來賓客甚或是記者的賓客得知客人跟誰共進晚餐，可會引起不必要的聯想及猜測，更糟的甚至引起重要商業合作的傳聞，保障客人的隱私可說是重要的操守。

同樣地，要學會適時離開現場。何謂適時？可以是客人細微地一個眼神提示，可以是減緩或轉小的聲調，可以是討論漸變激烈的形態，可以是自覺敏感的話題，也可以是客人請員工出外帶點東西的小指令……

另一方面，達官商家們百忙中抽空共進午餐，多少是涉及重要的社交或商業商討。從各官商貴客間的對答交流，可觀察及學習得到客人的社交用語、遣詞用字的鋪排、組織能力、身體語言的運用，從這些成功領袖身上學習，對將來自身的溝通能力與技巧，獲益不少。

一切都是從常識、身體語言的觀察，與經年的鍛鍊、經驗不斷累積出來的！

CHAPTER 2

到日本尋突破，學習獨立

那個時候，我們每星期差不多有兩至三天是吃麻婆豆腐飯的，因為豆腐和碎肉是在超級市場買到最便宜的東西。回港以後，我們差不多有十年沒有煮過和吃過這道菜。

人生，充滿機會與選擇。在Pierrot餐廳工作了半年，理工學院的酒店管理課程也只剩半年便完成的時候，一個新的選擇在此時出現了。那個時候，我和當時在另一酒店工作的女友（即現在的太太Rachel）首次往日本旅遊之後，感覺日本很美麗、先進、整潔、安全，而且日本人很有禮貌，兩個人都被日本這個地方深深吸引著，心生了一個念頭：人生只有匆匆數十年，事業也只開始不很久，要不要趁著年輕，先再多學習一個語言技能，並且擴闊眼界，回來以後或許看得更清楚以後的路？太太一向對語言學習很有興趣；對我而言，能多懂一種語言，在酒店這個待客的行業不無幫助。經過多番的思量和討論，我倆終於決定了赴日求學去。

透過仲介的日本就學講座，了解了留日的基本資料，包括日語學習、生活住宿、找兼職工作等情況後，二人計算了積蓄，稍微估量了首半年的學費、生活費及加上相信仲介公司所描述，如抵達之後找到兼職工作，生活應該沒有問題吧！與父母商量過之後，便落實了這個赴日的計畫，也選定在東京新宿的學校，於一九九三年九月底向日本出發了！

留學日本的各項挑戰

赴日以後，面對不熟悉的環境，也迎接和應付了不少的挑戰。

學習速度極快 —— 預習趕不上學習

一般來說，新學期在四月開始，為了不再多等半年，我們選擇了在十月入學，這樣的話，次年十二月便要應考日本語能力試驗了，為了應付比較緊湊的課程，前往日本之前，我採納了仲介的建議，先在香港報讀了為期三個月的日語先修課程，因為兩校使用同一課本，到時候面對比較緊張的教學速度也可以減輕一些壓力，面對新的環境和生活可以輕鬆一些。三個月下來，每星期兩課，離開香港前總算學會了基本的五十二個發音音順。想不到，在日本正式入學以後，課程的教學速度遠比在香港的快得多，一星期五天，每天半天的課堂，開學後不消四天便把先前所學的完全趕過來，超越在香港學習的三個月基礎課程了。

香港人成為「少數民族」—— 生活自立自強

班上有一半是韓國人，韓語的句子結構及發音跟日語有相似的地方，因此學習日文文法方面比較得心應手；其次，韓國的同學有強烈學好日文的意志，鬥心很強，曾有位姓金的同學說：「我們韓國人來學好日文，是要向日本學習，將來希望韓國能變得強大，趕過日本。」可能就是這個原因，韓國同學的成績很多時候都名列前茅吧。班上其餘大部分學生是中國大陸來的，當年的中國經濟還沒有高速發展，每個家庭的每月收入也只是不足四百元人民幣（換算當時台幣約一千八百元），所以有能力到東京的同學都很積極找兼職工作，他們有時更不惜逃學，選擇全力去做工，因為一個月賺到的錢有時候已可抵他們在中國一年的收入。

當年到日本學習日語的香港人相對中國人並不算很多，班裏的香港人也只有我們三、四個，因為一般人進修都是往英、美、澳、加等熱門地點，不是韓、日、台。香港人在校內可以說是「勢孤力弱」。韓國人及中國人的民族意識比香港人強，對同國來的後輩們在學習及生活上很多時候也照顧有加。畢業時把字典、參考書、考試筆記等送給後輩，幫助他們學習；生活上，也毫不吝嗇地把用過的電器贈予他們。另一方面，又互相幫忙為他們介紹一些便宜的餐廳，甚或介紹兼職工作。相反地，香港人除了是班上的少數外，也因為我們沒有住在學校的宿舍，加上為了生活，下課以後又有兼職工作，所以與其他香港人的接觸也比較少，才感覺沒有其他同學般團結。

窮學生生涯——只求最省錢

我們就讀的日本語學校有提供學生宿舍（寮）給學生租住，租金也相對便宜，但這些宿舍都是男女分開住宿的，地點又位於相距八個地鐵站的不同區域，在我們而言並不是一個理想的方案。

在香港時，我拜託了妹妹認識的一位略懂廣東話的日本人朋友，在我們抵達日本之後，替我們找房子，期間我們預算一星期先租住旅館。由於我們與日本朋友的溝通能力有限，也不想麻煩別人太多，加上積蓄並不是很充裕，不想租住旅館太久，所以當朋友告訴我們找到了較為符合預算的房子後，我們沒有機會先看房子，便已馬上答應把地方租下了。

房子的租金比學生宿舍貴很多，但更在我們預算之外的，原來在日本租住地方，一開始必須繳付頭金、介紹金和保證金，相等於六個月的租金！這樣一來，已經把我們帶過去的現金花掉一大筆。我們租住的公寓是一個對著垃圾房的地下單位。租金六萬九千餘日元（以當年居高不下的日元匯率計算約五千八港元或二萬二台幣）面積是九疊，即九張單人床的大小，減去玄關、浴室、廚房，剩下六疊作生活空間。所謂廚房，其實只是一個雙頭爐再加一個洗滌槽的開放空間，約占半疊。六疊的起居室，減去兩只大旅行箱的空間，就只有少於五疊的空間。

還記得我們搬過去的第一個晚上天下著雨，所以比較潮濕，入屋之後，家裏除了一張圓茶几便沒有任何器具，更糟的是起居室的地毯透著一陣陣發黴的味道，叫人難受。而且沒有床，我們要席地而睡！所以又跑到超市去找地毯用的乾洗劑和買燒水壺等，用了一個晚上清潔發臭的地毯才能勉強接受，是個一生不能忘懷的經驗。由於地方狹窄，我們只能鋪上薄薄的地墊代床，每天「朝行晚拆」。香港的居住環境雖然也狹小，但至少有屬於自己小小的房間，從來沒有試過這樣的境況，這是我們人生中第一次感受到「生活的壓力」。

因為付了意料之外的房費，預計我們沒有足夠的資金繳付第三期的學費（每半年一期）。因此，在未來的日子不單要盡快找兼職工作，生活上也得處處節衣縮食。最初的兩天因嫌太貴了，連飯也不敢吃，只買磅裝切片麵包，到第三天才首次二人分享一碗市面最便宜的牛丼飯。

為了水費和排污費多省一點，就連用水也想出最省費的「一水四用」妙方：洗澡時，起初先流出來的水還沒有熱，是冷的，便儲起用來洗浴室、洗衣服及沖廁。

除了必須的電飯鍋外，我們不買電器，不裝電話，當然也沒有行動電話了。那個時候，不要說打電話，與家人和朋友通訊還是通過寫信的！真的有需要時，才用最便宜的電話卡到公用電話亭打電話回家。可是，後來我們的家也有電視，是撿來的，想是人家換新款才扔掉的吧，雖然很小、很舊，以扭動轉盤選台的款式，但操作仍很正常，因為多看電視節目也能聽到更多的日文，所以它一直陪伴了我們兩年。

安頓下來之後，老師也介紹我們到當地的「Recycle Centre」。顧名思義是物件循環再用的回收中心，中心把舊了但狀況良好仍然可用的家居用品收集，加上編號在中心展示，市民可以從當月的物品中選一、兩件心儀的物品報名抽籤，每人每月可以中獎一次。幸運地我們抽中過音響組合和烤箱！

還有生活上的開支我們都盡量減省。例如，去剪頭髮時要求把頭髮剪得超短的，像一顆海膽，那就可以兩個多月才剪髮一次。至於女朋友，她的頭髮是由我修剪的！我從沒有學過理髮，是無師自通的。每次自己到理髮店，也用心觀察理髮師是怎樣去修剪不同部位的頭髮，再回家「實習」嘗試替她理髮，可能女朋友的長髮比較容易掌握，慶幸從沒有重大錯失呢！從那個時候開始，我就變成了她的髮型師，替她剪髮甚至染髮。到今天，很多人還問她我是不是做髮型師的呢。吃的方面，我們每天早上六點起床後也用極速把飯煮好，把大約兩個人分量的飯菜都塞到一個保溫飯壺裏，然後七點前便出門上學，待中午下課之後在學校的樓梯間吃飯，老師們知道之後，不但沒有怪責，還提議我們在教室吃飯，且常常取笑我們是「恩愛夫妻」，很是感動。那個時候，我們每星期差不多有兩至三天是吃麻婆豆腐飯的，因為豆腐和碎肉是在超級市場買到最便宜的東西。回港以後，我們差不多有十年沒有煮過和吃過這道菜。此外，一些超市在關門前半小時，為一些食品貼上特價的標籤，不用說，我們當然會等待這些機會才購買了。

學好日語的動力和決心——賺取生活費

我們的生活圈子，除了學校事務處的老師之外，幾乎沒有遇上能以英語溝通的日本人，所以要融入生活，便得努力盡快學習日本語。對語言學習一向興趣不大的我，在自費學習的情況之下，為了生活，早點學多些日語，能找到兼職工作的機會才會大一些。想到每天的學費就是自己工作了三年省下來的血汗金錢，絕不能隨隨便便翹課或在課堂上發白日夢。半年下來，學業成績居然也很不錯，在班上也是名列前茅，最後一個學期在老師的鼓勵之下，以自己寫作的一篇文章〈古怪的動物〉，參加了校內的演講比賽，還獲得了獎項！女朋友的學業成績，除了同級之冠以外，她的努力更突破了學校的紀錄，一九九四年的下學期，還成為該校首位拿到獎學金的香港人，獲減免了最後一個學期學費的一半，大大減輕了我們在金錢上的壓力。

生活體驗，兼職歷險

由於經濟的壓力，一直有找兼職工作，但語言關係，初期曾透過父母朋友的介紹，於銀座當過一陣子大廈的通宵保安員的工作，負責巡視及清潔大廈各樓層，包括一些辦公室、酒吧及夜總會。晚間初次看到穿著豔麗晚裝的媽媽桑鞠躬歡送客人離去，直至客人在路口消失為止，不禁驚嘆她們的專業服務精神。當時日本經濟轉差，找工作變得很困難；但當中也有有趣的面試經驗。有一次，原宿一間 Pizza 店招請時薪七百日元的兼職員工，日語還非常有限的我，大著膽子地去找老闆，原來他也懂一點點很簡單的英文，知道我是香港人之後，還告訴我他去過香港，我把帶在身上一幅穿著文華制服的照片給老闆看，告訴他我來日本前在哪裏工作，老闆非常驚訝和興奮，說他知道文華酒店。就這樣，我獲得聘用了！不過，在同一時間，有位中國籍的同學，說只要我付介紹費，可以介紹工作給我。由於這份工作的薪酬比較高，最終我推掉了 Pizza 店老闆的好意。

薪酬高，當然付出的也不少。簡單來說，這是一份需要非常大量的體力和時間的工作、一般日本人及學生不大願意參與的工作：負責派送有關「出租成人錄影帶」的宣傳單到每一戶住宅信箱。這份工作沒有固定的地點，每天一班做兼職的員工都要跑到指定的地點，領取宣傳單和地圖，然後每個人背著大量的宣傳單，前往被分配的區域，按地圖上的範圍逐家逐戶的分派，不但花費體力和時間，更要忍受別人投向自己的不友善目光。

由於沒有固定的辦公室和工作地點，沒有任何聘用文件，薪水還是每兩星期才發放一次，最初也擔心過會否被騙。還記得首次發工資的日子，是被約到一間愛情酒店集合的！經過數間風格各有不同的出租愛情房，我們後來被帶到一個簡陋的辦公室等候，那時候的氣氛，不單令人不安，實在有點膽戰心驚的感覺。心想，推開門進來的，會否是逮捕黑工的警察？終於，外型穿戴都像日本黑道的老闆出現了，雖然他的江湖味道很重，但還不失日本人彬彬有禮的作風，他客氣地以日文感謝我們努力工作，接著從他的手提公文袋內拿出一疊淺褐色日式信封套。每一個信封的厚薄不一，想是數目不一的緣故。

分發完畢後，好些同事也按捺不住，馬上打開信封，感到釋懷和露出滿意的笑容。我也打開了信封，發現金額比預先計算過的數目多了一萬日元。日文比較好的中國人同事對我說是因為業績好，公司因應各人的表現分發了額外獎金！其他同事紛紛討論，說自己多出了一千至六千日元，當他們問我的時候，為免樹大招風引人妒忌，只好說多了五千元。事後領班拉我到一旁，跟我說我負責的地區生意最好，出租率最高，所以分發的額外獎金也是最多。

領班又說，他們定期派員跟著我們，監察我們的工作態度，檢視有否把傳單派到違規的地點等，如果發現有人未完成指定的範圍便離去或偷偷把傳單扔掉，他們更不再錄用！後來，因自律及表現良好，我還被升為組長，時薪從一千日元升至一千三百元，慢慢儲了一點錢，買了一部二手自行車，可以在某些區域使用，工作起來可以輕鬆及快速一點。工多藝熟，加上有自行車的幫助，工作完成的時間由最初晚上十時許，加快至後期的晚上七點多，可趕及到超級市場，跟家庭主婦搶購限定在超市關門前的減價食品呢！

日本留學體驗的總結

雖然留學日本只有短短的一年半，但卻是人生中一段非常寶貴的經驗；雖然生活是刻苦的，但卻是一次很好的磨練。

先苦後甜的經歷，學會更懂珍惜，感受得更深刻：

- 趁著年輕，大膽地走出一步，體驗想體驗的！放下，為走更遠的路。
- 周詳的計畫能減少挫敗感。
- 向日本的服務管理學習。日本人常懷著「不給別人麻煩、做事先多想幾步、做好準備」的宗旨處事；要多學習日本人的自律性和團體精神。
- 沒有父母可以依賴，更能訓練獨立性。
- 上學之餘做八、九小時的兼職，還要溫習功課和料理家務。時間分配和管理實在重要。
- 默默努力是有人看到的，不要低估後來的回報。
- 不要說自己沒天分，沒興趣，努力是成功的因素。
- 吃得苦中苦，方為人上人。

留日讓我短暫離開了餐飲服務，但心仍忘不了本業。在日本時買的第一套二手日本漫畫，是《妙手小廚師》，看漫畫學日語，也離不開美食題材。到餐廳時也多著眼於服務態度、餐飲用語、營運模式和日本人的飲食文化。

畢業回港之後，女朋友在日資公司展開了新的工作。至於我，雖然也找到幾份需要運用日語的工作，但另一方面，酒店業的需求也大，幾多番考量，發覺自己對飲食業仍充滿著熱忱及興趣，所以最終還是決定重投飲食業的懷抱。

PART

2

經驗累積，我的餐飲業里程碑

從香港港麗酒店、香港賽馬會，到香港文華東方酒店……迎接每個挑戰，跨越每一個難關，自己也在不知不覺間不斷成長。

CHAPTER 3

回港再戰，港麗酒店的「魔鬼教練」

「魔鬼教練」所教的，並不是餐飲食材上的知識，又或是如何制定服務程序。他是在我們工作最繁忙的時刻，施予更大的壓力，以做壓力測試。

回到香港不久，一個機遇下我加入了香港港麗酒店（Conrad Hong Kong）的法國餐廳「懷歐敘」（Brasserie on the Eighth）團隊，職位是「部長」。

精兵制酒店，職位由九級變四級

香港港麗酒店是一間隸屬希爾頓酒店集團旗下的五星級酒店，位於香港島金鐘的太古廣場，一九九三年開幕，我加入的時候酒店剛剛開業營運了兩年。

當時的香港港麗酒店推行精兵制，人手不多，但員工全都是部長級或以上的，只有少量服務生職位員工，所以受聘用的都是有相當經驗和餐飲背景的人。推行精兵制，待遇及福利比其他酒店相同職位的高一點。例如：薪金比同期的文華東方酒店高超過一成；人手精簡的緣故，每月由員工攤分的小費也多一點；其他酒店每年分發獎金一次，香港港麗酒店則每月發放；

當時絕大部分酒店仍推行每星期一天例假的制度，她是少數提供兩星期三天例假的酒店。

第一章說當年文華酒店的文華扒房，職位的等級分成九級；法國餐廳 Pierrot 也把職級分為六級。來到港麗酒店的法國餐廳，職級只有四級，分別是：餐廳經理、餐廳副經理、屬同一職級的部長、領檯員和侍酒師，最後一級是有經驗的服務生，但只有兩、三人。

所謂精兵制，是要求每一個人平均要達到相等於一點三至一點五人力的工作效率！要做到這點，每個員工對產品的認識、餐飲工作經驗、分配工作及組織能力也要達到相當高的水平。一般來說，酒店咖啡廳每個員工要招待的客人數目較高級餐廳的多；在精兵制之下，港麗酒店的法國餐廳的人手分配是以咖啡廳的模式運作，也就是員工要照顧的客人數量比較多，但服務水準則以高級餐廳作為指標。

從前在文華扒房，奉行傳統的餐廳架構，分級比較多，員工還沒有足夠經驗時，一般不會讓他處理比較重要的事項。例如：初級服務生不能替客人點餐，席前桌邊服務也需由部長級或以上的服務生處理。初級侍酒師只負責從酒庫把酒端到客人席旁，較有經驗的侍酒師才能為客人開酒。這樣一來，由點菜到享用席前即製菜式時，保證每位客人都是由經驗較豐富的高級員工服務，整個服務團隊較有隊形，風格較統一。一方面，員工晉升階梯較多，歸屬感相對也比較大，任職年期也因此比較長；另一方面，點餐的工序分散了，效率相對地低一點，人力安排的要求比較高。

不過，這種架構有時候對服務效率或有影響。例如，客人向路過的服務生示意點餐，但原來他只是初級服務生，這時他唯有跟客人說馬上找來部長為他服務，甚或這個初級服務生在沒太多的經驗下替客人點餐，遇到不能解答的問題再向上級詢問，這兩種情況對客人來說，始終不是最理想的。又例如，餐廳運作上，初級服務生有機會搭檔不同的直屬上司，不同的直屬上司又可能有不同的標準和作法；又有時，初級服務生按照直屬上司的指示及標準行事後，其他更高級的上司可能之後又有不同的意見和處理方式，這些時候，到底要跟從哪位上級的意見，初級服務生往往也會感到困惑和混亂。

相比之下，香港港麗酒店的精簡架構精兵制度，每位受高薪聘用的員工已經有相當的五星級酒店工作經驗，擁有業界中水平極高的服務品質。有時候，組員間只要一個眼神的交流，就能很有默契地溝通和掌握對方的要求。員工很多時候是香港四大名牌酒店出身的精英，也有從外國名牌酒店大學畢業的資優生。在這樣的工作舞台上，組員之間不免正面地互相競爭和較量，把工作效率及餐飲知識盡量發揮，誰也不甘示弱。在餐廳這片英雄地，控制不了自己所管轄的範圍，就是一件很沒面子的事啊！所以，精簡架構精兵制，能增強員工的獨立性和主導能力，每個前線人員也勇於承擔，為客人提供一站式的高效率服務。

可是，員工從不同的酒店出身，不同酒店有不一樣的訓練背景，工作方針、信念和服務標準也不盡同，這樣令精英餐廳的作法不統一，令人易生混淆。比如說，菜肴品質偶有失準，惹來客人的不滿，某部長會趨向贈送甜品安撫客人，另一部長會主張免除該項食品的收費，遇上這樣意見不一的情況，由於職位相同，大家必須在互相尊重包容的前提下才能達到共識，又或需要尋求再上級的指引，如處理不當，容易造成磨擦，或不健康的比較。

此外，餐廳中一些較初級的工作，例如：沖茶和咖啡、整理餐桌餐具、以至餐前餐後在場後清潔酒杯刀叉等，有時免不了也要由富有經驗、能力卓越的部長處理，是有些大才小用的。

英美管理風格的差異——魔鬼教練的啟發

除了餐廳架構不同外，文華與港麗的管理風格也大有不同。香港文華東方酒店由英資的怡和集團所擁有，英式管理風格濃厚，階級分明，重人情味，講究紳士風度。如有表現未如理想的員工，也趨向採用循循善誘的處理方式，首先加強員工訓練、再而警告最後才會作紀律處分。酒店在一九九六年進行了為時九個月的全面大型裝修時，也曾向外界強調酒店重視員工，裝修完工後，酒店會保持聘用所有原有的員工，於重開時提供一貫的優質服務。

香港港麗酒店隸屬港麗酒店（Conrad Hotels）管理，是美資希爾頓酒店集團旗下的酒店品牌。奉行美式管理，講求效率速度，賞罰制度進取。員工如有過錯，即使平日表現良好，公司趨向予以制度上規定的處分。美式的管理著重原則規矩，人情味方面的考慮相對來說會比較少。

尤記得到香港港麗酒店面試當天，最後一關是跟餐飲總監會面，期間被問道：「作為部長，你是否願意每天工作十六小時？」當時心想，是否一個誇大了的問題呢？但仍然回覆說：「如有工作上的需要，我是願意付出的。」一星期後，我就在香港港麗酒店上班了，成為人稱「魔鬼教練」的餐飲總監A下屬的其中一員。

「魔鬼教練」所教的，並不是餐飲食材上的知識，又或是如何制定服務程序。他是在我們工作最繁忙的時刻，施予更大的壓力，作壓力測試。他認為人如能在高壓之下仍有出色的表現，在其餘的情況下，就能應付自如。對於他某些管理方式或要求，當時我是帶著疑問的，但現在回想起來，完全能理解他的用心。修為不夠的同事，往往不出一個月便會知難而退，自動請辭了。其中有些事例，至今仍然印象尤新。

考察員工應變能力：繁忙中觀察員工表現

一般的餐飲總監，在正常的情況下都不會在餐廳最繁忙時段到餐廳用膳的，餐飲總監A卻每每選擇在餐廳最繁忙的時段到餐廳用餐，故意選一張客人剛剛離去的餐桌坐下點餐，用意是觀察服務生在繁忙情況下接待客人的服務表現及處理能力，包括清理餐桌的速度及能否正確判斷形勢，適時抽空照顧不同客人的需要。

驗收餐廳訓練成效：測試新人

假如當時負責的部長真的未能抽身，餐廳經理或副經理即使能抽空代他清理餐桌及介紹菜式，餐飲總監A也會要求經理離開，他會特意挑選一位最低階或新來的服務生來招呼他，向服務生詢問有關菜單、廚師推介、餐酒及其特性等等的問題，測試他們對餐廳產品的認識。他是通過這種方式來了解餐廳經理是否給員工在產品知識上提供了適切的訓練，令新或初級的同事

精簡架構精兵制，能增強員工的獨立性和主導能力，每個前線人員也勇於承擔，為客人提供一站式的高效率服務。

也能向客人提供符合水準的服務。與其向餐廳經理詢問訓練是否足夠，這樣的測試反而來得直接，那麼餐廳經理及副經理怎能怠慢，不盡速為新人提供足夠訓練呢？

訂定罰款制度：鞭策表現不佳的員工

餐飲總監A利用「罰款」來懲治表現不佳的員工。餐飲總監A到餐廳用餐時，他會檢查餐桌上刀叉、水杯及酒杯的清潔程度，包括杯子有沒有手指紋或水漬，如有發現，他會找出負責清潔酒杯的員工，著令他交出一元港幣的罰款。罰款都放入餐廳存放客人給小費現金的錢箱內，以補貼員工晚會開支。

新人為餐飲總監A點餐時，新人因知識不足對提問支吾以對的話，也會被罰款的。這樣，所罰的款項事小，目的是讓員工對不佳的表現留下深刻的印象，在眾目睽睽的心理壓力之下，推進員工的積極性，令他們在上班時打醒十二分精神，做好每一件事。每天提醒自己努力改進，不再被罰。

在餐飲部有負責清潔的同事，也是屬於餐飲總監A轄下。曾聽說，有一次餐飲總監A把一個一元硬幣放在餐廳沙發兩個靠墊的縫隙之間，兩天之後，他再檢查那張沙發靠墊的縫隙，如發現硬幣仍在，他便向清潔工人收取罰款，以示此清潔工人沒有翻起靠墊徹底清潔。

「特訓」期間，慶幸我沒有被罰過！大約一年多之後，一位曾在香港文華東方酒店工作的前上司找我，介紹我到香港賽馬會工作，職位是會所西餐扒房的「服務生領班」。

攝於文華法國餐廳 Pierrot。Pierrot 之名取自西班牙著名畫家巴勃羅・畢卡索（Pablo Picasso）的作品「Pierrot 丑角」。

香港文華東方酒店外貌。

於文華扒房當服務生翌年的除夕合照。

12 月 31 日除夕晚宴前文華扒房團隊的大合照，當年扒房的職位便分成九級，陣容鼎盛。

轉職文華東方酒店法國餐廳 Pierrot 部長，晚上的制服是燕尾禮服。

與眾領檯員的合照。

在文華扒房也曾被派任餐酒待酒師（Wine Captain）。當年以 Congrac、Armagnac 及 Port Wine 作餐後酒比較盛行，當時在餐廳內仍可售賣雪茄。

藉著英女皇結婚 50 週年紀念，推出皇室下午茶套餐。當時已開始利用 Facebook、Twitter 及微博等社交平台作宣傳。

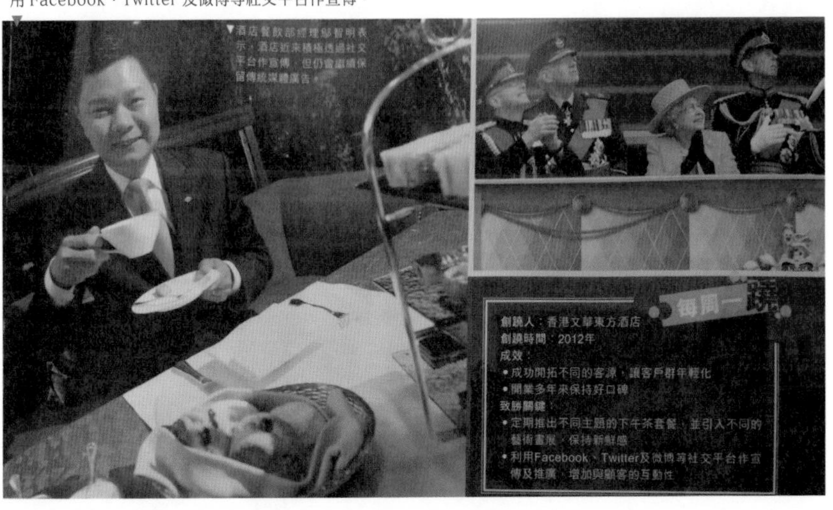

與老師及兩位同學攝於日本租住的小房子，家徒四壁，身後有從垃圾房撿回來的電視機和從 Recycle Centre 抽中的音響組合。

於日本東京修讀一年半，與同班同學的合照。

在日本家門前拍下赴日之後第一次下雪的情境。

在香港港麗酒店工作時參與 Waiter's Race，與「魔鬼教練」餐飲總監 André Scholl 合照。

在日修讀期間，攝於家附近。

修讀日本語期間以自己的作品參加演講比賽而獲勝。

変な動物

コミュニカティブBクラス　鄔　智明

皆さん、おはようございます。私は香港から参りましたウ・チンミンと申します。今日は「変な動物」というテーマでお話ししたいと思います。

世界中に、変な動物が星のように多いと思います。ヘビは手足がなくても動けます。象は牙がライオンより長いけれど、肉を食べられません。でも、一番おかしい動物は人類という動物です。

さて、その中でも、人類の雌、つまり女性という動物はヘンな行為が多くて本当に理解しにくいです。女性は自分の年齢が永遠に不満です。女性は自分の年と合わないことをします。10歳ぐらいの女性はお母さんの化粧品をとって、誰も家にいない時、鏡の前でこっそり化粧してみます。30歳ちょっとの女の人は、もし「おいくつですか」と聞かれたら、絶対「20代」と答えます。40歳以上の女性はどうでしょう？　・・・申し訳ありません。僕はちょっと興味がありません。

また、女性はみんなスケベエが嫌いと言うくせに、一生懸命セクシーな服を来て、人が多い場所に喜んで行きます。特に日本では、もっと勇気がある女性は、ディスコへ行って、高い台の上でT－バックを自慢げに見せます。皆さん、女性は一体何を考えているのかわかりますか。

その上、女性は物事に対して、反応が極端で、似ているものなのに態度が全く違います。例えば、きつねとねずみ。どちらも毛だらけの小さい動物です。ところが女性はパーティーに行く時、よくきつねの毛皮で飾りますが、ねずみを見るとすぐキャー！と叫んでテーブルの上へ逃げます。これはねずみの立場から見れば、不公平です。あるいは、懐中電灯もダイヤモンドも、どちらも光るものです。ところが、女性は懐中電灯を見ても、死んだ魚の目をしたままですが、ダイヤモンドを見ると、目をすぐ2倍に大きくして、ギラギラさせます。これは、懐中電灯に対して、失礼です。同じように、男性もゴキブリも自分だけでは台所で何にもできないで、ウロウロするばかりです。でも、女性は何となく男性のほうが好きです。これは、ゴキブリがかわいそうです。

ところで、人類の雄、つまり男性という動物は雌よりもっとおかしいかもしれません。というのは、われわれ男性はそんな女性と付き合って、信じられないことに、喜んで結婚してしまうのです。皆さん、人類って、本当に変だと思いませんか。

在日本修讀期間非常窮困，每相隔兩個多月才能修剪頭髮一次，所以每次也修得極短。

CHAPTER 4

香港賽馬會體驗

當天晚上，正當大家也忙得不可開交的時候，有一位初級服務生L，臉上掛著一副「十分不好意思」的表情，氣沖沖地走到我面前說：「Help me boss!」……

在前上司的介紹下，有機會加入香港賽馬會（以下簡稱「馬會」）工作，當上跑馬地會所西餐廳的「服務生領班」。入職之前早已聽聞馬會的餐飲服務做得很專業、認真，業界的評價甚高，只是因為會所只招待會員，不開放給公眾人士，所以一般市民對它認識不深。

關於香港賽馬會

馬會是一個很特別的機構，它獲得香港政府授權營辦賽馬活動，並提供體育博彩及獎券服務。馬會向客戶派彩及向政府繳納博彩稅和利得稅後，每年將百分之九十四的稅後經營盈餘撥捐「香港賽馬會慈善信託基金」，資助超過一百五十個慈善團體及機構推行服務項目，惠及社會各階層。自二〇〇七年起的十年，該基金平均每年撥捐款項超過二十八億港元（約一百零六億台幣）；二〇一五至二〇一六年度位列全球十大慈善捐助機構。（資料參考自馬會網頁）

馬會除了營運位於香港跑馬地及沙田兩個馬場外，也同時成立了四個會所，分別在香港的跑馬地、沙田、雙魚河和北京，為會員提供飲食、娛樂、社交等服務。會所猶如一所酒店，有各類型餐廳、會議宴會設施、康樂設施，其中雙魚河會所和北京會所更提供住宿設施。

馬會會員享有尊貴的權益，能晉身會員的行列，是個人成就和顯赫地位的最佳印證，因此香港擁有傑出成就的精英才俊，也以能夠成為馬會會員為榮。馬會舉辦的活動，包括於賽馬季節每星期兩天的賽馬活動及於馬會會所的各式活動，實際是上流社會的社交活動之一，馬會現時擁有約一萬三千三百名「全費會員」。「全費會員」二〇一八年的入會費是五十萬港元（約一百九十萬台幣），月費是二千二百港元（約八千三百台幣），在香港而言，這並不是最貴的入會費了。

要成為「賽馬會員」，甚或可享有更多權利和服務的「全費會員」，最難之處是要獲得現任馬會會員的推薦。根據馬會條例，每位「賽馬會員」會籍的申請人必須由馬會一位名譽董事、名譽遴選會員或遴選會員提名，該申請亦須同時獲另一位名譽董事、名譽遴選會員或遴選會員附議。再者，申請人亦須列舉三位準備支持其入會申請之馬會會員的名字。這些提名、附議及支持會籍申請人入會之會員，在支持申請人入會申請前，必須熟悉申請人以及對其誠信感到滿意，加上會員每年推薦的名額非常有限，因此，成為馬會會員不僅是財力負擔的問題，能否獲得推薦，個人跟才俊名流的社交關係更是其中的關鍵。馬會多年來也設有規限及把馬會會員數目維持在一定水平。例如跑馬地會所，就只招待「全費會員」了。

在馬會工作的黃金十年

當年申請的馬會職位是「打吡西餐廳」（The Derby Room）的「服務生領班」。「打吡西餐廳」位於跑馬地半山的馬會會所內，餐廳主管是義大利籍的經理，「服務生領班」則是該餐廳的第二把交椅。

面試時有兩個問題是比較印象深刻的。

「整個團隊的工作人員，大部分在馬會工作了很久，年紀較長，思維也很保守。你如何帶領你的團隊，改變他們的思維及固有的工作模式？」

「以往馬會會所的營運，是從賽馬業務部門得到營運津貼，餐廳不需太著重營業額，而較注重會員福利；但現在營運方針有所改變了，會所要自負盈虧，對內，你如何改變員工固有的思維，讓他們比較進取？對外，又如何能改變會員客人的消費習慣？」

從人事部的解說，得知當時馬會會所先要進行改革，因大部分的餐廳管理人員也在會所工作了最少數年至超過十年，所以想引入較多年輕的員工及新思維。假如讓我加入，將會是所有餐廳中最年輕的領班之一。

當時的我雖然年輕，但也曾在兩所風格各異的酒店工作和學習，我這樣分享了我的經驗：歷史悠久的文華東方酒店也有大量資深員工，某些理念根深蒂固，而酒店也在不停變革及進步；所以只要自己提出的建議是合理及正面的，再以身作則推行示範，要說服員工慢慢做出改變，應該不是十分困難的事。而另一間港麗酒店，只有三年歷史，行精英制，員工背景各異，運作模式集百家大成。精英制下，人手不多，所有的工序流程也講求效率，從這種環境獲得的經驗絕對也可以幫助馬會餐廳的工序改革。

三星期後，我便開始了在馬會拚搏的黃金十年了。

晉身服務生領班，學會管理與決策

「打吡西餐廳」是馬會會所中最高級的西餐廳，位於跑馬地馬會會所之內，服務團隊約有十五人，不少是比較成熟的員工，已經服務馬會三至十年。「打吡西餐廳」的主管是義大利籍的經理L，我是服務生領班，也是十多名香港下屬員工與經理的溝通橋梁。「打吡西餐廳」是一所風格比較傳統的西餐廳，供應早、午及晚餐，也提供一些席前即製的桌邊服務。

我在「文華扒房」工作時，最後的職位是「部長」，職責上負責督導兩至三位服務生。之後在「香港港麗酒店」的職位同樣是部長，但在餐廳服務團隊的架構之中，只是最基層的其中一員。相反地，「打吡西餐廳」的服務生領班是服務團隊中的第二把交椅，在管理職能上很不一樣，需要管理餐廳團隊裏大部分的成員，包括所有初級兼職員工、酒店管理學校派來的訓練生、初級服務生、服務生、部長、領檯員及侍酒師。這個全新的角色，除了需要把餐飲知識和服務技巧發揮出來外，也需要展示領導、管理及訓練的能力。

一方面，餐廳的服務團隊與廚房的團隊是一脈相承的工作夥伴，但對於餐廳的運作，雙方有時候免不了持不同的意見。以往作為部長，遇意見不同，可直接跟餐廳經理或副經理溝通，由他們跟廚房商討和決定。當自己成為了服務團隊的代表之一，協調的工作就得親自處理，需要有技巧地令服務團隊及廚房團隊達致共識。除了餐廳的運作管理，另一方面，「服務生領班」還要代表餐廳跟其他部門聯絡和合作，尋求各部門的理解、支援及幫助。

此外，面對客人的要求及意見時，不像以往的角色般可以諮詢上司，由上司來決定如何解決。作為服務生領班，本身就是各員工的領導、決策者，既要給予員工適切的指示，亦需適時向客人作出回應。

增加的管理工作及責任

服務生領班與部長的分別，前者需要管理及負責更多的週邊管理工作，比較主要的有：

• 每月員工班表及餐廳運作當日的人手安排

與辦公室的情況不同，餐廳員工的班表，每週會因應運作需要而改變。餐廳的中午和晚上時段、週日和週末、旺季和淡季、不同的節慶及餐廳舉辦的推廣節目等，都會對人手編排有不同的要求。當然，除了餐廳運作上的人力需求外，服務生領班也得照顧各員工休假的需要，編制每星期的休假、例假及每年的大假。

「打吡西餐廳」與其他餐廳相似，把服務生分成幾個小組，餐廳則劃分為數個小區域，每個小區域由部長領軍，帶領著服務生及初級服務生為客人提供餐飲服務。再安排侍酒師、領檯

只要自己提出的建議是合理及正面的，再以身作則推行示範，要說服員工慢慢做出改變，應該不是十分困難的事。

員及傳菜員等與各小區域互相協調，為整體顧客服務。服務生領班也會按照當天的訂桌情況及客人的身分，調整每個小組員工的組合及分配到指定的小區域，提供最適切的服務給客人。例如，對VIP客人或要求高的客人，就得安排比較有經驗的員工去處理，又例如預訂同一時段的客人比較多時，那便要在可行的情況下，在安排座位時，把這些賓客分散到不同區域，令人手得以善用，讓客人享受更高品質的服務。

• **餐具盤點**

餐廳的銀器如刀叉、杯碟瓷器、酒杯、各類玻璃器皿、餐巾桌布等都需要定時進行盤點，監察及了解用具資源的數量，藉此安排採購從缺的物資。杯碟瓷器及玻璃器皿比較容易破損，餐巾桌布亦會因長期使用而損耗，如不定期盤點，數量便會逐漸減少，不但影響餐廳正常運作，在處理特別宴會時，如美酒晚宴，安排酒杯器具上也很容易變得大失預算的。

• **小費的處理**

大部分的餐廳主管也需要處理客人打賞的消費，不過馬會卻是例外。這是由於馬會規定員工除農曆新年期間可以收取紅包外，員工在其他時間是絕不能收取小費的。客人給予小費大致上是現金或信用卡簽帳的形式。服務生領班每天必須把現金和信用卡的小費分別記帳，再把現金收管，然後每星期或每月定時將現金小費計算並發放給員工，信用卡小費計算好則交由會計部處理。

不同餐廳有不同的小費攤分方式，較普遍的大致上有三種。

第一種攤分方式最簡單，就是不分職級，所得小費總額平均分給所有服務員工。

另一種是用「骨數」來計算，職位越高，所能分得的「骨數」越多。例如，當年的「文華扒房」，初級服務生可分三個「骨」、服務生分四個、部長六個、服務生領班八個、副經理十個、經理十二個，Matire d' 因本身已經有房屋津貼等額外福利，因而只獲分六個「骨」。另外，也會從小費總額之中抽出一個小費定額，給予管事及廚房的同事，以感謝他們的幫忙。舉例說，初級服務生當月若分得三百港元，經理便可分得一千二百港元；廚師們及管事們可分得四個骨，即四百港元的小費。

再有一種分帳方式多用於美式餐廳。例如，美式餐廳 Dan Ryan's Chicago Grill 的服務生，包括部長和傳菜員，每二人分成一組，每組負責指定的小區域，該小區的客人所給予的小費全數歸兩位組員所有，每組需把一個定額的小費金額給予酒吧及領檯團隊。一般來說，服務生的月薪會比一般餐廳低，但如果服務做得出色，小費的收入可不少。

- **員工訓練**

這是重要的一環。員工訓練分為五大部分：第一類是有關餐廳及集團的認識，如餐廳的營業時間、對客人服飾的要求（Dress code）、私人包廂的最低消費、公司架構、各類信用卡優惠等等；第二類是機構所制定的服務標準，如馬會的「Moment of Delights」、文華酒店集團的「Eleven Pillars」；第三類是產品知識，包括所有菜單內菜式、食材、飲料（咖啡、茶、酒）的知識、席前桌邊服務的技巧及流程等等；第四類是衛生管理的標準；第五類是各項推廣，如對安排客席廚師、季節產品及節日特備推廣的認識等。

- **菜單及餐廳零售系統管理**

每所餐廳都備有菜單：散點菜單、午間套餐、晚間套餐、時令菜式或節日特備菜單等。要管理這些菜單的內容，必須跟廚師緊密聯繫，把商議好或更新後的菜式，編排及印製於菜單上。另一方面，現代的餐廳多設有電腦零售管理系統，客人點菜後，服務生能透過系統，把點餐內容通知廚房，除了菜式內容，系統同時也記錄了客人的其他餐飲消費，方便客人結帳時核對點餐內容。

- **餐廳衛生管理**

每所餐廳均須進行衛生管理，包括定期滅蟲、清潔餐廳儲物櫃、更換餐廳裝飾檯花，定期檢查食品或飲料的食用日期，以確保餐廳不會提供超過「最佳食用日期」的產品。

- **客戶資料管理**

每一所餐廳多少也有一些常客，每位客人都有自己的口味好惡，如果餐廳能把這些資料整理和管理好，善用資料，按照喜好照顧客人的口味，客人對餐廳的滿意程度自然可以進一步提高，對餐廳有很正面的影響。所以，餐廳的管理層需要將每位常客的喜好、消費記錄加以存檔記錄，以及適時對常客的光顧加以肯定。

酒店客人與會所會員背景大不同

同是餐廳顧客，對業界來說，酒店的客人與會所的會員是不一樣的。這是因為客人光顧的背景和性質有所不同，對餐飲的要求也有分別。

需因應顧客市場作改變

酒店的餐廳，顧客主要分為兩大類：酒店住客和其他外來的客人。其他外來的客人，又包括了遊客、商務旅客、本地居民。無論是酒店的住客或是外來的客人，也可大致再細分為首次光顧的客人或是再度光顧的客人，甚至是常客。換言之，酒店餐廳面對的市場，是香港全體市民、酒店客戶及訪港旅客，是個擁有數百萬人的市場。

另一方面，鑒於會所的規定，會所餐廳只招待會所會員及與他們同行的客人。也由於成為馬會會員並不容易，絕大部分的馬會會員，一旦成為會員後不會輕易退會，因此，很多會所餐廳的長期客戶都是資深的馬會會員，對每一間餐廳來說都是老主顧。再者，部分馬會會員的辦公室或住所，若在會所附近的話，這些會員每每一星期在會所的餐廳用餐幾次，有些甚至每天三餐也在會所餐廳用膳。會所餐廳的目標市場，局限於只有萬人以上的馬會會員及其由他們帶來的賓客了。這樣一來，馬會餐廳的常客平均光顧的次數，一定比酒店餐廳的常客為多；馬會餐廳的常客對餐廳職員及出品的認識也比酒店餐廳的常客為深的。

由市場供需來調整價格

一般來說，香港酒店餐廳的餐飲價格，絕對是由市場的「供求關係」（Demand and supply）來決定。比如說，若午間顧客量較多，酒店餐廳定必相應地把午餐的價格調高至比同類市場上的其他競爭對手所定水準為高的價格。認為價錢太貴的客人自然會選擇到其他餐廳用膳，另一方面，對價錢不太在意的客人相應地會開始增加，市場會自然地調節過來。

在馬會工作初時，有一個感受頗深的經驗。有一次，會所咖啡室的中午套餐價錢由港幣七十二元漲價至七十五元，有十多位的長期顧客覺得價錢調得太高，他們連結起來在咖啡室門外進行罷食抗議活動，表達不滿。當時的我，不太明白何以這些顧客有如此激烈的反應，因為從以往工作經驗，客人對加價若有不滿，一般會選擇光顧其他餐廳作罷。後來，有資深前輩向我道出原因，會員們計較的並不是那三元的小數目，而是因為他們一家四口每星期來光顧五遍，一年下來，三元乘以四人乘以五次乘以五十二星期，他們一家所付出的便增加了共三千一百二十港元（約台幣一萬二千四百八十元）。這個金額數目相當於要他們多交了接近四個月的會員月費（當年月費是八百港元）！他們不會因為漲價而退會或改去其他餐廳，因此才有這樣大的反應。相比起其他每星期只來一次的客人，就不會介意這微小的改變了。這次經驗啟發了我，也對於日後在擬定餐廳調整價錢的策略上，提高了我的敏感度。

一視同仁的待客之道

提供顧客服務的商業機構，有時標榜每位顧客也是VIP，也有些強調對待每位顧客也一視同仁。

這兩個方針看似公平公正，並無不妥當之處；但是在現實的處境之中，準確一點來說，其實每位顧客也是VIP；但消費高的顧客是VVIP，對待同一消費程度的顧客，我們一視同仁！

一些長期顧客、消費特別高或地位特別高的客人，多少期望自己比其他一般客人能享有不同的待遇或較佳的服務，甚至可以享受優先及個人化的安排。能符合他們這種期望的餐廳或酒店，他們便光顧得比較頻繁。可是，沒有一位顧客會喜歡其他客人獲得優先禮待而自己淪為「次等」的感覺。要怎樣避免產生這樣的矛盾，待客時取得平衡，是一門藝術。

以營商角度來看，高消費客人或長期老主顧必然是最受酒店及餐廳歡迎的，每次消費經驗和滿意程度也會影響他們會否選擇再來的決定。其實道理也很簡單，費用付出多，獲得的產品品質自然比較高。

以旅遊為例，你可以付出較多的費用購買票價較高的高鐵車票代替客運車票，以節省行車所花的時間；但搭乘飛機的時候，頭等、商務或經濟機票的價錢截然不同，購買頭等機票的客人卻沒因付出高昂的票價而比經濟艙的客人省卻了飛行時間。因此，如果我們對這三類客人也一視同仁，把他們都視為「對等的VIP」，那未免對付出較高價錢的頭等艙客人不公平了。所以，付出較高價錢買頭等艙或商務艙的客人，在飛機上能享用較寬敞、設施比較好的頭等座

餐廳的管理層需要將每位常客的喜好、消費記錄加以存檔記錄，以及適時對常客的光顧加以肯定。

位或商務座位；餐飲方面比較高級豐富，登機下機享有優先，服務他們的機組人員的經驗也比較豐富，服務人員與客人的比例也較經濟機艙為多。

又例如酒店，客人若付出總統套房或套房的房價，自然能獲取空間較大、設備較好、景觀較美的房間，酒店送贈的迎賓美點也比較豐富，有些酒店也特別設有「貴賓廳」（Club Lounge），專門為消費比較高的客人，在優雅的環境下，提供快速的入住登記或退房服務（Express check in / check out）外，更有餐點和雞尾酒，讓貴賓有高人一等的享受。

一般在到達機場或酒店前，航空公司及酒店已經掌握了這類高消費類別的客人的預訂資料，準備及處理時比較容易。航空公司會招待客人到機場所設的貴賓廳休息及享用小食，登機、下機固然有優先的安排，行李也被優先送達行李輸送帶讓他們提取。酒店方面，貴賓由大堂或專責接待貴賓的經理親自迎接，房間則事先由高級房務員整理，甚至有專屬的管家服務（Butler Service），再跟進檢查整潔程度，當然少不了備有較高級及種類較多的迎賓小食款待客人。

再看馬會的賽馬活動，馬會的會員分為賽馬會員、全費會員、遴選會員、公司會員及競駿會員，各級會員所能享用的設施和福利有所不同。例如，位於跑馬地及沙田的馬場除了為馬會董事而設的專用區外，也有分開遴選會員區、馬主廂房、馬會會員區及一般客人的區域。

從以上航空公司、酒店、以至馬會，在硬體（如機艙座位、房間等）、軟件（如高品質餐飲服務、專屬服務生的安排等）和位置環境的安排上（如附設貴賓廳、指定包廂等）幾方面所見，這些機構對消費較多的顧客所提供的產品和服務與其他顧客是不同的，這是客觀的事實。

但在餐廳的營運上來看，情況卻有點不同。除了從預訂的菜式、私人包廂需付的最低消費金額或一些老主顧的用餐習慣，可以大概估計訂座客人的消費程度外，一般來說，要辨別出哪位顧客的消費額比較高或較低並不是容易的事。即使是同一位客人，平日較多商務應酬，點選比較名貴的菜式餐酒，消費也因而比較高；假日時，多跟家人聚餐，就只會選擇一些家常小菜，消費便相對較低。

時常光顧支持的老主顧，免不了期望獲得餐廳一些禮遇，餐廳繁忙時段可以優先取得座位是一個很典型的例子；但對其他客人來說，便不容易接受為何一些客人可以擁有特權。餐廳如處理不善，更會容易惹起投訴，被責怪不一視同仁，處理時尤需要小心，加倍注意。

轉職沙田會所，成為餐廳經理

在跑馬地馬會會所工作了三年多，直到二〇〇〇年，適逢在沙田馬會會所的高級西餐廳「百俊廳」（Centurion）工作了十多年的經理行將退休，造就了我被調升到那裏當經理。沙田馬會會所與沙田馬場相連，位於香港的新界區，偏離市區，雖然沙田隨時代的發展也變得熱鬧，但會所的位置比起位處香港島跑馬地、鄰近銅鑼灣市中心的地理還是稍有不同。

革新任命：以新管舊，以幼管老，資深員工的管理

接任沙田馬會會所「百俊廳」的經理職位後，發現餐廳團隊中有不少「老臣子」，部分人

比較安於現狀，心態上已經不太追求事業上的突破，只求安穩地工作下去。然而管理層要推行改革，希望餐廳能有新的氣象，期望新入職的我可以帶動他們跟上時代的步伐。我認為最好的方法是以身作則，例如，餐廳推行新的工作流程，自己先行示範；餐具盤點的方式改變了，自己師先士卒；要增加工作效率，自己的行動也馬上做出相應的調整，為大家做個榜樣，以示新的方案是可以切實執行的。除此以外，也嘗試在餐廳休息時段，邀請員工到其他的餐廳觀察體驗，讓他們直接在現場了解別的餐廳的步伐。另一方面，也要把工序流程及服務標準明確仔細地列出，確保他們清楚理解，有序可依。

曾經在初上任時，發現有位資深侍酒師，如遇到一些年份新的酒，水松木酒塞太緊或是酒塞是化學再造之類，他於是先以開瓶器鑽入紅酒的水松木酒瓶塞子，然後以雙腿夾著整瓶紅酒固定，彎下身子以雙手拿著開瓶器的「手柄」，欲以此姿態用力把酒瓶塞子「拔」出來。我馬上上前加以制止，他向我解釋道，因為自己年事已高，手力不足，多年前已經開始這樣做了。明白過來以後，我親自為他示範開酒中的技巧，再給他買了比較大和省力的開酒器，情況就改善了。

因客制宜：場合不同，市場便不同

由於「百俊廳」的位置與沙田馬場相連，它的運作模式跟位置獨立的跑馬地會所高級西餐廳「打吡西餐廳」不同。百俊廳在三個不同時段有三個不同的營運模式。平日，它是西式fine dining扒房餐廳；在有賽事的日子，即逢星期三晚上及星期日日間，餐廳滿布直播賽馬的電視，並提供即場投注服務；每逢星期五及星期六晚上，餐廳設有現場樂隊及舞池，變身成為可供跳社交舞的西餐廳。年中也不定時舉行美酒晚宴、客席廚師活動及季節食材的推廣活動。

百俊廳只招待會員，餐廳附近不是商業區或購物區，來光顧的馬會會員大多也不是附近的居民（住在香港島或九龍區的會員比較多，驅車前來需二十至四十分鐘），非賽馬的日子，會員光顧百俊廳，目的就是純粹為了來用餐，實在沒有太多其他因素帶動。因此，它需要在不同時段，製造不同的吸引力去吸引不同類型的顧客。若「百俊廳」與跑馬地會所的「打吡西餐廳」同一模式營運，純以美食及美酒作招徠，其競爭力必然大打折扣，必然不能吸引太多會員專程駕車前來惠顧。

「百俊廳」三個不同的營運模式，各有特長。在賽馬日子，享受賽事、娛樂博彩是客人的焦點所在。一旦進入餐廳，客人帶著可以盡情觀賞賽事、專注研究值得下注馬匹的心情，有時，下注時間只在電光石火之間，所以也渴求免於受到滋擾的空間。因此，省卻點餐下單、上菜等服務生經常要「騷擾」客人的服務方式，提供比一般供應時間長的自助餐形式，就更切合客人的需要了。此外，與客人溝通時，也要經常十分注意遣詞用字，要說吉利的話，比如「書」（等於輸）、「死」等字要避免使用。有些客人更會要求餐廳為他預留他相信會為自己帶來好運氣的座位，待他每次來博彩的時候，也確保他能坐在同一個「幸運座」。

當時有好些馬會會員喜歡跳社交舞，更有興趣找些可以聽聽歌、與好友聚聚的好地方，為此，餐廳特意在設計上加入舞池及舞台，以方便對聽歌及社交舞有興趣的客人，於每逢週末提供一個符合他們理想的一個聚腳點。

最後，還有週日或一些特別的日子，餐廳按時令節氣，安排來自不同餐廳的客席主廚，提供各式各樣的美酒晚宴或時令推介，吸引會員的光顧。「百俊廳」的顧客對象主要是會員家庭，以享用美酒美食為本的家庭聚會遠比商業午餐晚宴多，因此，與同為高級餐廳的「打吡西餐廳」相比，雖然規條上對來賓的服飾要求及年齡限制是同樣的，但百俊廳在實際的處理上，彈性相對是較多的。

難忘經歷及危機處理

在餐廳前線服務工作多年，總會遇著一些挑戰，需要處理一些危機；當然也有時候得到客人的認同及讚賞，遇到感動的時刻。有些經歷，與馬會的獨特營運背景不無關係，在其他的餐廳是未必能夠體會的。

紅包事件：穿著睡衣親道感謝的客人

馬會是營運賽馬博彩的機構，很重視員工的操守紀律，要求員工廉潔守規。包括會所及餐廳工作的前線人員，一律禁止收取客人的任何小費或禮物。只有在農曆年間，為了尊重傳統習俗，正月初一至初十五期間，馬會特別容許員工收取會員及客人以自願性質派發的紅包。很多會員顧客也趁著這個機會，多謝員工一年來的辛勞與服務。

還在跑馬地馬會會所「打吡西餐廳」工作的時候，有一次，一位相熟的會員林先生因公事繁忙，日程臨時需要改變，迫不得已要提早一天與太太慶祝情人節，他聯繫餐廳要求當天晚上給他訂位，可是餐廳已經滿座了，他詳細解釋了一番，明白了他的苦衷，我也作了一番努力，盡量把座位重新編排，最後慶幸能為林先生騰出一席，好讓他可以與太太在離港工作前慶祝。那天晚飯後準備離開時，林先生跟我說：「非常感謝你，雖不能給你小費，但會趁著這個新年期間來發紅包的！」對我來說，得到客人讚賞是工作上莫大的滿足感，林先生這樣表達了他的謝意我已經很心滿意足了，並沒有在意他發紅包的話。

怎料，三個星期後的一個晚上，大約九時許接到林先生的電話，詢問我什麼時候下班，然後沒有說為什麼就掛了電話。到十點多，林先生身穿睡衣來到餐廳的正門找我，說今天是馬會容許會員發紅包的最後一天，他一直有記著自己的承諾，所以特地從家駕車前來把紅包給我！對我來說，這是既難忘又是最有心的紅包。

鵝肝事件：來自兼職學生的求救

在沙田馬會會所的「百俊廳」當餐廳經理時，有一年情人節，餐廳座無虛席，客人比平常多了兩倍，於是聘請了一些兼職員工分擔繁忙的職務，負責給客人送飲料及整理餐具等簡單工作，經驗少一點的初級服務生，當天則「升格」，負責送餐給客人。當天晚上，正當大家也忙得不可開交的時候，有一位初級服務生L，臉上掛著一副「十分不好意思」的表情，氣沖沖地

沒有一位顧客會喜歡其他客人獲得優先禮待而自己淪為「次等」的感覺。要怎樣避免產生這樣的矛盾，待客時取得平衡，是一門藝術。

走到我面前說：「Help me boss!」原來，他右手拿著一碟、左手手持兩碟香煎鵝肝沙拉，走到其中一位女客人的椅子後，正要把右手的鵝肝沙拉從客人的右邊奉上桌子時，因技術有欠純熟，左手上的鵝肝沙拉兩碟子傾斜了，鵝肝從碟上溜下，掉到女客人的背後，立時已嚇得傻了眼，慌惶失措地不敢張望鵝肝跑到哪裏去，便極速走過來找我求救！

聽罷，知道情況不容我猶豫多一秒，連忙向服務生L吐出我腦裏的疑問：客人是否已經察覺？有什麼反應？服務生L說客人似乎並不察覺。這一秒鐘，吩咐廚房重新煮一份香煎鵝肝沙拉並即時查問清楚客人的身分（是VIP、VVIP，還是VVVIP？）下一秒鐘，安排女部長馬上準備陪同客人到洗手間整理，下一瞬間，秒速趕到案發現場。客人是我認識的客人C夫婦，一行共八位賓客，仍正興致高昂談笑風生地用餐。

客人C太太的椅背掛著她的白色皮草外套及椅背前則放著一只名牌手提包Fendi，客人C太太穿著淺黃色晚禮服，我赫然發現她的背部中央位置有一道啡紅色的「血痕」……是香煎鵝肝沙拉的醬汁！血痕下方的盡頭，正是那片香煎鵝肝！鵝肝就被夾在客人的身後與Fendi手提包之間，還有一些醬汁也灑落在雪白的皮草外套上！

我唯有硬著頭皮，跟賓客們打個招呼後，馬上道了歉，帶著十二萬分的歉意，老實地告訴他們剛剛發生了一個「小小」的意外，我們的同事很不小心把一片鵝肝掉到C太太的背後，我們現在安排女部長陪同C太太到洗手間先行整理一下。C太太聽罷即時轉身一看，「哇！」的一聲說道：「怪不得剛才好像有一刻感到背部有點熱！……啊！手提包和皮草大衣也沾上了喔！」我連忙跟她承諾：「真的非常抱歉，但請安心，手提包和衣服的清潔及處理，我們必定付上全部責任，全面跟進，請先不用擔心，我們實在不想影響了你們今天的雅興，現在請先跟我的同事到洗手間整理一下，其他事情我們馬上跟進了解，下一步再跟您們匯報和商量。另外，我們也準備了一瓶名貴的香檳，希望大家可以繼續盡情用餐。」

會所不像酒店有自己的洗衣工場，我們向清潔部借來小毛刷，用蘇打水初步清潔一下皮草及手提包上的醬汁和味道。我們向C先生、C太太保證會把手提包送到原廠檢查和清潔，至於皮草及晚禮服，會送到原廠或專業洗衣店處理，如清洗不了，馬會願意賠償相當於全新產品的價值。最後，為表歉意，再給他們的晚宴送了一些優惠折扣。

其後，我們花了好些時間，把手提包送到品牌的專門店由他們用最專業的方法清洗；晚禮服經專業的處理之後亦清潔乾淨。至於白色皮草外衣，醬汁原來滲入了皮草的內層，怎麼也無法除掉醬汁，唯一方法是把皮草的內層更換，我們得到了C太太的同意，交由專業成衣商把內層換掉，最後，為了顯出團隊的誠意，清潔處理好的手提包、衣服由副會所經理和我一起送到客人的府上，並再三地致歉，得到了客人的諒解與接納，C先生及太太表示他們明白服務生的無心之失是意外，反而重要的是我方作出迅速而合理的安排，很欣賞我們的誠懇態度及處理方式，往後也繼續支持和光顧餐廳，事件便告一段落。

客席廚師事件：居中協調，打造雙贏局面

另外有一年，邀請了澳洲的一位新晉廚師來為「百俊廳」作客席廚師。這位廚師年輕有為，

給人自信滿滿的感覺。客席廚師為該次推廣設計了兩套套餐及約十道的散點菜式，「百俊廳」自家的菜單，在這四天推廣期內暫時不予提供。

推廣日的第一天中午，來了一位外籍客人，餐廳副經理向他介紹了這次推廣的菜式後，客人表示今天來餐廳之前已經有想法，只想來吃自己常點的「沙朗牛排佐炸薯條配黑椒汁」，其他的菜都不考慮了。可是，在客席廚師推廣菜單之中，最近似的只有一道「慢煮牛面頰」的菜式，並沒有牛排類菜式。

在客人的堅持下，餐廳副經理唯有把客人的意願告知馬會主廚及客席廚師，知道客人對自己的菜式不感興趣，客席廚師非常失望，更認為若然不感興趣的話，便不應在這幾天來光顧。我們詢問馬會主廚可否給客人行個方便，無奈主廚說這幾天客席廚師才是廚房的最高決策人，他不能左右這位客席廚師的決定。餐廳副經理於是嘗試游說客席廚師，解釋那位客人是常客，每次都點相同的菜式，希望客席廚師能明白及彈性處理。客席廚師聽後，語帶激動，非常堅持地認為馬會的客人都是熟客，第一天便這樣開了先例，之後就更難說不了，這對他來說完全沒有意思，如馬會「迫使」他的廚房做一些不屬於他的菜式，他會即時離開廚房，馬上乘飛機回澳洲去！

客席廚師的激烈反應，令餐廳副經理唯有硬著頭皮去回絕客人，試圖把推廣菜單上的「慢煮牛面頰」推介給他考慮，只是這位外籍客人也不接受，並不悅地說：「我來餐廳是要點我想點的菜式，不是要吃你想我吃的菜！」他續說：「我也懂得煮菜，牛排不需要太多什麼事前預備，如餐廳不願意做出來，我會即時離開及向馬會的高層投訴。」

餐廳副經理此時只好再向我報告這狀況，雙方在這堅持自己想法的情況下，我決定踏出一步，再作一次大膽的嘗試。我走向那位外籍客人，禮貌地說：「我們的客席廚師很明白你每次來也是吃沙朗牛排的，然而他也很想為你在這個簡單的菜式上加一點點變化，就是他最拿手的招牌幼滑薯泥，實際的效果並不一定如菜單所寫的花巧，能否容許我提議帶他來，讓他親自向你介紹他能做一些什麼驚喜給你？」客人聽後也放下了沉重的心情，露出微笑，表示同意。然後我再嘗試向客席廚師解說：「我向客人講解你的出身背景和在澳洲的成就，他知道你不是一般的客席廚師，對你的菜式也產生興趣，尤其是對那招牌幼滑薯泥感興趣，還想聽聽你的介紹呢！」客席廚師聽到客人是欣賞他的，也放下了抗拒性，欣然答應親自出去介紹一下他的拿手菜式給外面的外籍客人。

兩人最終也碰面了，客席廚師一番介紹下，客人最後仍然堅持吃「沙朗牛排」！雖然如此，他樂意接受客席廚師的招牌幼滑薯泥，配上牛排燒汁，另外還加點了一客客席廚師的另一招牌菜「野蕈濃湯」！

這次的事件讓我對「意見出現對立」時有很深的體會，每個人都喜歡得到別人的認同和欣賞，找出這一點就是解決這個困局的關鍵鑰匙。每個人都有自己的立場和原則，有時是堅持，有時是執著，只要了解對方的需要，尊重對方的要求，找出讓大家可以磨合的地方，糾結的狀態也可以放鬆開來的。

自創前景，向中菜餐廳管理前進

近年流行「生涯規畫」這個名詞，我也相信自己的前景是要預先計畫及創造出來的，我們必須先自我增值，做好準備迎接隨時到來的挑戰或機會，如能得到前輩及貴人相助，當然更事半功倍，錦上添花。

在沙田馬會會所的「百俊廳」任經理一段時間後，有感已積累了不少的西餐廳管理經驗，事業上想再繼續往前發展，具備更多元的經驗是無往而不利的。有見馬會大部分客人都是香港人，對中菜的需求比西餐為多；此外，馬會的中菜餐廳提供的中餐多元化，有很多有經驗又巧手的中菜廚師和樓面服務生，人才濟濟，學習空間非常大。

在沙田會所工作期間，因為與中菜餐廳「嘉樂樓」的餐廳經理 Kenneth 及中菜總廚林雲輝師傅關係良好，故常到「嘉樂樓」流連，一方面藉此讓經理 Kenneth 多介紹中餐廳的老主顧給我認識，並鼓勵他們多到西餐廳用餐；另一方面，也能從中學習中、西餐廳不同的管理模式。當然，與中菜師傅多作交流，也能因利乘便參與各種正式及非正式的試菜活動，這是中餐營運不可或缺的一環！每當中餐廳舉辦任何客席廚師推廣或地方菜系推廣，我也希望能抓緊機會親身體驗呢！其中印象最深刻的，要數「太史五蛇羹」的始創者江太史的孫女——江獻珠老師首肯為嘉樂樓作客席廚師的那一次，打開了我的眼界，讓我看到了中菜的博大精深，作為香港餐飲業的一員，實在是難能可貴的經驗！因此，趁著年中表現評估的時機，向上司表達了自己想在餐飲的不同範疇學多一點新知識和技能的意願——我想向「中菜管理」方面發展。

半年後，得到幸運之神的眷顧，剛好跑馬地馬會會所的高級中菜餐廳「幸運閣」的餐廳經理職位有空缺，於是自告奮勇向主管提出，也成功轉職，向全新的領域前進。

極速學習中菜領域知識

「幸運閣」（The Fortune Room）是馬會會所之中，最高級別的中菜餐廳，以供應粵菜為主，菜色精巧細緻，定價也比較高，餐廳內設有數個私人包廂，是馬會高層喜歡用作商務面談的地方，亦是馬會會員舉行重要宴會的熱點。那時的「幸運閣」在數年前進行過大型裝修，期間舉辦過不少重頭推廣活動。

得悉轉職中菜的要求獲公司批准，且三個星期後便要走馬上任，心情有點緊張，感覺馬上要開始做好準備，希望在短時間之內「惡補」，極速學習相關知識，包括食材、菜式、營運特色、客人喜好、市場定位策略及競爭者的運作模式等等。

為了對幸運閣的運作模式及市場定位有更深入的認識，於是馬上聯絡即將離任的經理，相約他會面。就這樣，在假日休假時到幸運閣試菜、認識菜單、向經理了解餐廳團隊各人的長短處、一些客人的特別需要等。另一方面，為了增強對其他高級中菜運作模式的認識，一個月之內每週也抽空到處自費試菜，到上班後，已走訪過城中五大五星級酒店的中菜廳；其後的一年間，所有與家人或朋友的私人慶祝活動，例如生日、過節、週年紀念、朋友聚會，都盡量選擇中菜餐廳。連家人也察覺，取笑道現在為何全部聚會也改吃中菜了？

我們必須先自我增值，做好準備迎接隨時到來的挑戰或機會，如能得到前輩及貴人相助，當然更事半功倍，錦上添花。

對於一些香港傳統的點心和地道經典菜式，例如叉燒、蝦餃、蛋塔、紅豆沙、咕嚕肉、炸子雞、炒飯等，到底怎樣的味道才算是正宗、才是傳統的口味？每家中餐廳的所長是什麼菜式？只有一家一家地親自試吃，嘗盡城中各大食府的菜式，才能得知一二。沒有親自比較過，沒有吃過真正的上品，是不容易客觀地去評定一個菜式已達到了什麼水準。對菜式的鑒賞能力，來自對菜式的背景、作法的認識，來自對食味高低的認知，這是要一步一步去體驗實踐，是從經驗慢慢積累出來的品味能力。

雖然每個人的口味各有不同，但對菜式的一些基本要求，大致上是有既定準則的。例如，一碟現炒的菜式理應是新鮮製作，熱騰騰地端上給客人的，如果奉客時溫溫吞吞的，難作高度評價；吃蝦餃點心，蝦餃皮的摺紋是否足夠，餃皮是否厚薄均勻，夾起來會否容易破開，蝦餃餡的肥瘦是否不均，味道是否新鮮等都是評定蝦餃好壞的標準。個人味道喜好，會影響對菜式的評價，但有經驗及認知能力的專業人員，可以把這方面的主觀感減至最低。

一般來說，客人到中餐廳吃飯，也會先點個中國茶，幸運閣趁裝修時投放了不少的資源，為客人提供優質的侍茶服務。因此，在轉職做準備期間，我也下了不少苦工去研究中國茶，如中國茶的種類特性、沏茶侍茶的方法步驟及鑒賞評選各款中國名茶的知識等。

在一輪密集惡補之下，在正式上班之時，對幸運閣提供的菜式大致上也有充分的認識和理解，遇上客人對菜式的材料、作法、味道、分量等有疑問時，大致上也能應付自如。

幸運地，當時幸運閣的副經理 Tony 對中菜的知識非常深厚，從他身上獲益良多，他也幫助我了解餐廳的員工、廚房團隊領班的關係、老主顧的喜好等，有他做我的「盲公竹」（盲人的手杖），指引著我，在管理團隊方面實在是如虎添翼。

中西餐廳的營運方式有何不同？

雖然同是餐廳營運，中西餐廳其實有很多不同的地方。

・菜單結構

西餐廳的菜式選擇大都不出三十種上下，但在大多數的中餐廳，菜式可以多達八十款，有些餐廳甚至提供超過一百五十款菜式，原因之一與用餐的結構有關。在高級西餐廳點餐，點餐多在兩至六道菜之間，其餐單架構大致分為前菜、湯類、小盤及主菜（或海鮮及肉類）、起司及甜品。反觀中餐廳，客人會一般點選五至八、九道菜之間。中式宴會時的菜單更提供大大小小共八至十多道菜。

・進餐形式

西餐廳上菜時，是服務生將每一道菜逐一端到每位客人的面前，行內俗稱「位上」；然而中餐廳現在形式上有「位上」也有「全份上」，所謂「全份上」是中餐傳統的上菜模式，服務生把做好的菜式全部或先後放到桌面上，讓客人自行選吃；有時全份上在某些情況下，是每道菜式逐一全份上，由服務生在客人面前分菜；至於是位上還是全份上，取決於餐廳的檔次、用餐的時段或類型、客人的多少、客人的偏好或要求等。例如，位上多出現在高級中餐廳及其高級的大型宴會；早上或午餐時段吃點心的家庭聚餐，全份上比較普遍；一般傳統中式婚宴，先全份上再由服務生分菜然後位上，是比較傳統的作法；也有時候因應菜式或是客人的要求，先把菜式拿到桌前讓客人看到整體賣相，才再讓服務生在他們面前或旁邊分菜，然後位上，多見於原條蒸的大海魚、燒乳豬、冬瓜盅、炒粉麵飯或一些很特別的得獎菜式等。

• 點餐形式

西餐廳的客人一般是各自點選自己喜好的餐飲。服務生通常的作法是先向客人推介一、兩道餐廳的招牌菜式，或有少數餐廳會介紹一些不同品種的生蠔、時令推介如黑松露菌或每天轉換款式的廚師推介，然後便讓客人自己細閱菜單，客人便按自己的喜好逐一點餐，基本上每一位客人可以有完全獨立的選擇，不用照顧或考慮其他同伴的喜好。在這種形式的大前提下，服務生與客人的互動是很有限的。因為，客人各自主導了選菜的角色，服務生只能扮演「點餐人員」（Order taker）的角色。

中餐廳的情況則有所不同了。原因之一是中菜菜式選擇繁多，客人眼花撩亂，有些客人於是比較傾向讓服務生先提供一些餐廳招牌菜、廚師介紹、時令推介等資料。另一個更主要原因，是中菜有「主人家主導」的特性。傳統上吃中菜時，一圍桌的客人中，總有一個主人家身分的角色負責選餐點菜。如果是商務聚會，主人家也多是訂座的一方。很多時更會事前安排好菜單，即使沒有，主人家也會客氣地建議讓賓客選擇，然後賓客最多也只會只選一、兩個菜便交由主人家決定。假如是家人聚餐，主人家多是一家之主或負責付費的成員。若是朋友之間的聚會，也有代表人物負責點餐。不論是那類型的聚會，相對於西餐，由於不用逐一向每位客人溝通，服務生跟主人家在點菜上交流的情況比較多。

由於要照顧每位賓客的口味，主人家在接過菜單後，通常較樂意與服務生了解交流，一來可以以最短的時間得知最時令、最優惠、餐廳最拿手的菜式，減輕點菜的時間和負擔；二來，服務生在菜式數量和分量的多寡上，給予主人家一個比較確實和專業的意見。

有時候，餐廳與客人建立了信心的話，主人家點餐甚至可以不看菜單，只信納服務生的推介。由此可見，中餐廳服務生一般與客人的互動交流，比西餐廳為多。

中餐廳服務生都要學會讀心術？

中菜餐廳菜式種類不但繁多，價錢也可能相差很遠，所以每一桌客人的平均消費，可以相差很大，對餐廳的營業額有很大的影響。

在中餐廳，相同的客人，在不同情況下用餐，所點的菜式及消費可以非常不一樣。一般的家庭聚會，吃家常便飯的要求是趨向比較清淡、家庭式的菜式，午餐的話可能吃點心、燒臘及炒粉麵飯，屬於最基本的消費，如果服務生向他們推銷一些名貴菜式，可能會令人反感。相反地，如果是生意商談、商務聚會，客人一般自己也要求比較有體面、討人喜愛的菜式，此時，推介一些游水海鮮、鮑參翅肚等名貴菜式才比較適合，這樣的菜式，與前者家常便飯的平均消費可以相差十倍以上。

作為一個出色的服務生，除了豐富的專業知識外，細微的觀察力和「讀心」技巧也是非常重要。對於一些經常光顧的顧客，要是平時能多加注意客人的消費習慣，與客人建立良好的默契，對取悅客人的心是無往而不利的。例如，當服務生察覺到客人某聚餐的目的，只是普通的商務交流，或與下屬的一般聚餐時，客人的消費預算往往不想太高，但通常又不好意思明言或由自己點些較便宜的菜式。一般情況下，客人是主人家的身分，會禮貌地先讓受邀的賓客點菜，此時賓客也客氣地退讓，這個時候，當客人向服務生詢問有什麼推介時，貼心的服務生就能從客人的身體語言、眼神、語調及一些弦外之音中，領會客人所表達的預算和意願，按需要為客人提供適切順心的意見，以顧全客人的體面了。

自我規畫：取長不難，補短更重要

另一方面，在工作上，我的職位越高，在管理技巧及各方面的知識和能力上，別人對我的要求也開始增加。然而，每個人都有自己的長處及短處。對於擅長或有天分的事，學習起來特別快，每每事半功倍；反之，進度相對地慢起來，也不容易得到成功感。面對自己的強項與弱點，我學會抱著「取長不難，補短更重要」的心態。

充實自己：主動創造學習機會

自從選擇了餐飲業這條路，一直朝著成為餐飲總監的方向發展。我不時自我檢討，成為餐飲總監條件之中，自己還欠缺了什麼？什麼樣的經驗呢？哪些技能呢？在可行的情況下，盡量爭取、甚至創造多一些學習機會，除了是裝備和充實自己之外，也是為了增加自己的競爭力和讓自己更容易爬上晉升的階梯。當時有感自己欠缺與「宴會」相關的經驗，因此遇有關連的工作機會時，便多參與多觀察宴會的安排及細節，彌補自己不足。

此外，酒量不好是我其中一個弱項。作為餐飲業管理人員，具備對餐飲的專業知識是必須的，加上自己對餐酒知識也十分感興趣，所以花了不少的精神和時間去鑽研和學習餐酒的知識。但由於酒量差，平時止於試酒多於嘗酒，也抓緊一切與同事或侍酒師交流的機會；遇到對酒有認識、與我相熟的客人時，更會不恥下問有關美酒的問題；聽到一些客人、餐酒專家之間在評論餐酒的時候，便默默「旁聽」偷師。當然，工作上有很多試酒的機會，如酒店不時舉辦美酒晚宴、參加不同酒類的展覽，都是很好的學習機會；有時客人用餐時自備各類餐酒，這又是一個很好的交流機會。

兩分天分與八分努力：從外行到領導管理

「餐酒管理」是一門大學問，除了汲取餐酒知識、培養鑒賞力、鍛鍊向客人作配酒建議的修為之外，還有很多學習的範疇：為餐廳的酒單選酒（Wine List）與組合、制定存貨量、為選酒訂價、各款杯裝酒的銷售策略、酒庫管理、各類美酒晚宴的安排、與餐酒供應商商談和議價的技巧等。

馬會的餐飲運作相當有規模，三個會所共十多間不同類型的餐廳及宴會場，兩個馬場在賽馬日於超過二十多個不同形式的餐飲設施、廂房招待超過萬名顧客，用餐形式由最基本的速食小食至最高級的fine dining，林林總總。不難想像對餐酒飲品需求之大，在餐飲管理上及與各單位之間協商的複雜性也可想而知。因此，馬會管理層組成了一個「餐酒管理小組」，負責與各據點協商餐酒的管理及營運方向，例如揀選「House Wine」、每月杯裝餐酒、銷售目標、各餐廳酒單的格式、各會所及馬場舉辦美酒晚宴及各類酒類推廣活動的日程、舉辦以馬會會員為對象的餐酒體驗活動等。小組成員包括各會所及馬場的餐飲管理人員、會所經理、侍酒師、採購部門及貨倉代表等。

作為餐酒管理小組的一員至後來當上小組的主席，獲得與不同層面的專業人士接觸和協商的機會，從過程中學習到不少對餐酒與管理的知識，是非常難得的體驗。從當初的餐酒外行人躋身餐酒管理組別的領導管理人行列，真心相信，這是因為我加了很多倍努力的成果，印證了我的「兩分天分，八分努力」！

開發高端市場：組成波爾多美酒美食團

在馬會所舉辦的餐酒體驗活動當中比較印象深刻的，是一個「法國波爾多美酒美食高級旅行團」。

那時的構想是想試辦一個香港市場未有提供的高級美酒美食團，目標市場當然是馬會會員。說它「高級」，是指團員均乘坐商務座位，行程參觀的是各波爾多一、二級酒莊，吃的都是米其林星級餐廳。行程亦包括參觀法國的生蠔養殖場及鵝肝製造廠等，住宿 Relais Châteaux 成員級數的酒店。經過嚴謹的行程策畫和安排，與在地旅行社協作，商務座位、酒店住宿、在地交通、各一級酒莊及參觀景點、波爾多紅酒學院的半天課程，計算下來團費的收費高達每人七萬多港元！（約台幣三十萬元）。比當年市場上一般只是約八千至一萬五千港元（約台幣三至六萬元）的八天歐洲旅行團超出多倍，其實是有點擔心那麼高的消費是否有市場。但推出之後，經一番努力，也特別向我所認識並很有「潛力」的會員作市場推廣，成績居然很好，不消一會已把最多二十位的配額銷售一空！營業額達一百五十萬港元（約台幣六百萬元）。

這個美酒美食團隨團需要有一位馬會職員代表作領隊，負責照顧各團員及確認行程節目安排及水準，這個重任很自然便落在我的身上了！

美酒美食團到過十多個酒莊參觀及品酒，其中包括了：

Château Palmer、Château Margaux、Château Latour、Château Lafite、Château Mouton Rothschild、Château Smith Haut Lafitte、Chateau Chevalier Blanc、Vieux Chateau Certan 及 Le Pin。

在 Château Mouton Rothschild、Château Palmer 及 Château Smith Haut Lafitte 三個酒莊中，團員們跟酒莊主人用膳。經過了多年，其中有些團員至今仍然與我保持聯絡，這個美酒美食團不但是一個珍貴的體驗，留給大家美好的回憶，而且把各會員的關係更進一步聯繫起來。事實證明，市場沒有的產品，並不一定代表沒有市場，只要安排得宜，也有機會製造商機！

舉辦推廣活動：釣魚台國賓館國家級團隊訪港交流

二〇〇四年，為了慶祝馬會跑馬地會所成立週年，由會籍部陳總監的帶領安排下，促成了邀請釣魚台國賓館的團隊親臨「幸運閣」任「客席團隊」獻技，成為年度的重點推廣項目。

釣魚台國賓館位於北京的西郊，昔日是皇帝遊宴之地，現在是國家接待元首級外賓、國家領導人與外賓會面的重要地方。金國章宗皇帝完顏璟（西元一一九〇年至一二〇八年）曾在此築台垂釣，「釣魚台」因而得名，迄今已有八百餘年。至一九五八年，中國慶祝建國十週年，國家為接待應邀來華參加國慶慶典的一些國家的元首和政府首腦，選定了古釣魚台風景區遺址，營建國賓館，並以其地為名，正式定名為「釣魚台國賓館」。

釣魚台國賓館共有十七棟接待樓，為尊重外國的習慣，在樓號的編排上，特地略去一號和十三號樓。從一九五九年建館以來，這裡已經先後接待過來自世界各國的總統、國王、總理及世界知名人士接近一千人次。在眾多的賓館樓中，以十二號、十八號樓最突出，因為這是專門接待外國元首和政府領袖的樓層。美國前總統尼克遜首次訪華時，便在十八號樓下榻。而十二號樓，近年來接待過二十多位外國首腦，包括美國的雷根總統。因此，這幢樓被人們戲稱為「元首樓」。

釣魚台國賓館廣納國內各菜系所長，上及宮廷肴饌譜錄，下至民間風味小吃，再加上汲取西方廚藝優點，形成別樹一格的釣魚台菜式。釣魚台國賓館來港的這次活動被形容為「客席團隊」而非「客席廚師」，主要原因是這次來港為馬會呈獻國宴級的菜式的團隊包括了八位廚師、八位服務生及一位領班，一行共十七人。率領這個團隊的總廚師長郝保力，當時已在釣魚台國賓館工作了二十五年，曾接待逾百位國內外元首及政要、對每位政要的口味、飲食習慣可說是瞭如指掌。而在釣魚台國賓館工作的員工，都是從各省揀選出來優秀的服務生，就連對服務生的身高、體重、髮式和儀容，也有統一的標準和要求。

推廣期間推出的釣魚台國宴御膳，製作嚴謹又標準化，食材的形狀大小、主輔用料以至調味料的分量都有規定，不能隨意增減或改變。烹調講求原汁原味，做菜用的湯和油均有嚴格規定，例如做鴨的菜式用鴨湯、鴨油，做羊肉菜式用羊湯、羊油，炒菜用動物油，調味時才用植物油；且不用進口調味品，如胡椒、奶油、番茄醬等。再者，御膳取用食材有偏好，家禽多選鴨子，家畜最多用是羊，魚類只用松花江銀魚、鱘龍魚，很少用其他魚入饌。

釣魚台國賓館是國營機構，一般不會接受商業機構邀請，也因此這次活動的市場反應非常的熱烈，對我而言更是一次既珍貴又難忘的餐飲經歷。

馬會因為只招待馬會會員，舉辦的活動一向少對外宣傳，在那個年代，只在每月出版的馬會月刊宣傳，將資訊傳遞給會員。然而，因為這次是非常特別的活動，為隆重其事，所以馬會破例舉行了記者招待會，邀請各方傳媒進行採訪。記者招待會後的第二天早上，是開始接受預訂的日子，當時還沒有網路，所以消息的發布也是翌日才經由報章廣泛報導。還記得第二天早上約九點，在上班途中，想致電回公司交代一點公事，但奇怪的是，電話總是線路繁忙，打了很多次也打不通！回到公司後才知道，原來從早上九點起公司的電話響不停，很多香港市民當天早上從報章得知推廣活動非常感興趣，紛紛打來查詢及訂位。（當然有很多人發現只供會員訂位而感到非常失望）七天推廣的午、晚宴限額，當天不消一小時已全部爆滿。

晉升副餐飲營運經理，開拓視野

在幸運閣工作不足一年後，幸運地受到公司的賞識，由「餐廳經理」晉升為跑馬地會所「副餐飲營運經理」（Assistant Food & Beverage Manager）。

副餐飲營運經理與餐廳經理的工作是大相徑庭的。餐廳經理是一家餐廳、一個團隊的核心。餐廳經理以自己唯一管轄的餐廳為中心，與上層商討餐廳的經營策略和方針後，他負責領導團隊執行指示，此外還會策畫推廣方案、管理餐廳的經營狀況、開支、與麾下團隊的人手、運作效率、服務品質和處理客人的要求或投訴等。只要客人進入你的管理範圍，經理便能親身監察團隊的服務效率和品質。

副餐飲營運經理是整個馬會會所餐飲部的「副統帥」，與餐廳經理每天親自走在戰場的最前線作戰的角色有所不同，他要輔助餐飲營運經理計畫和制定經營的方針和策略，他要有更廣闊的視野，站得比較高、比較遠，需具備較敏銳的餐飲市場觸覺和專業眼光，更需要比餐廳經理更強的領導能力。

副餐飲營運經理管理的不是單一的範圍，當時屬於我的管轄範圍的餐廳共有八間：咖啡室、幸運閣、嘉樂樓、打吡西餐廳、酒吧、宴會廳和小食亭。副餐飲營運經理的職責就是策畫和制定所有餐廳的營運策略、年度推廣計畫、領導所有餐廳的經理，確保整個團隊達至營運目標、做好成本控制和人事管理及發展。也必須與各餐廳經理有緊密聯繫，確保每一所餐廳都保持高標準的服務品質、衛生水平和客人滿意度。

身兼節慶活動統籌

此外，副餐飲營運經理還負責統籌餐飲部整體的節慶特別推廣活動，例如聖誕期間的洋酒類與聖誕禮物籃（Christmas Hamper）、農曆年期間賀年糕點的銷售推廣等。早在聖誕前的五至六個月，餐飲部便得開始策畫及決定各餐廳的節目安排、價錢定位及服務形式；聖誕前三至四個月，修改及確認計畫的最終方案，並且開始執行籌備，以便在兩個月前能夠落實最終的宣傳稿件，然後交付排版並印刷在每月月初派發給會員的馬會會員月刊之中。聖誕節前夕的一個半至兩個月，每個節目的門票便開始發售了。

另一方面，本來我只是餐酒管理小組的一個成員，自從升格為副餐飲營運經理之後，亦被大家推選成為了小組的主席，權責有了改變。餐酒管理小組主席這個位置與副餐飲營運經理有相似的地方，兩者都是決策者的角色。三個會所、兩個馬場內所有餐廳與美酒有關的推廣活

要提供達專業水準的宴會服務，必須在宴會前有充足的準備、仔細妥善的安排，按照員工的經驗和能力適當地編配工作，給予所有員工簡單直接及清晰的指令。

動，餐酒管理小組主席有決策上的權力，那個餐廳何時推廣怎麼樣的美酒節活動、選什麼類型的酒、給予會員客人多少的折扣等，均需由主席作最終決定，他必須扮演平衡各個會所餐廳、會員客人、供應商等各方人士的利益，這方面與副餐飲營運經理所肩負責任的重要性可說是無分軒輊。

轉職馬場，挑戰全港最大型宴會場所

回看從畢業到在馬會工作的十幾年間，餐飲的工作經驗之中，主要集中在中、西餐廳及酒吧，接觸比較少的範疇要算是「宴會營運」（Banqueting）了。在沙田會所及跑馬地會所工作期間，也曾見識過會所可容納二十多、三十席的宴會場地的營運與操作模式；但若要數真正大型宴會的場地，則非兩大馬場莫屬。在跑馬地會所工作一年之後，我轉職成為了兩個馬場的「副餐飲營運經理」，見識了全香港最大型宴會場地的運作經營。

香港賽馬會於二〇一六、二〇一七財政年度的總投注額達二千一百六十五億港元。馬會為政府庫房帶來破紀錄的二百一十七億港元收入，也直接回饋香港達三百零五億港元。香港除炎夏七月中至八月尾這段期間外，每個星期皆有兩天賽馬日。一天是在星期三的晚上，另一天則大多是在星期日的日間舉行。

每逢賽馬日，約多達四至十萬人會親臨馬場博彩，兩個馬場均備有二十多種不同類型的餐飲設施、私人包廂、會員包廂等，提供各式餐飲服務如中菜、自助餐、燒烤、小食予馬迷享用。

由於每星期只有兩天的賽馬活動，馬會於是需要聘請超過四百位兼職員工應付餐飲服務。當然有些是富有經驗的長期兼職員工，但超過一半以上的員工，是經驗尚淺甚至是完全沒有相關經驗的。

此外，馬會每年與「職業訓練局」轄下的各大職業學院如香港高等教育科技學院、香港專業教育學院、酒店及旅遊學院、中華廚藝學院、國際廚藝學院等合作，各學院的餐飲服務系或廚師證書系的相關學員，均被指定於賽馬日以兼職員工身分到馬會實習。然而，每年九月當馬季開鑼時，職業學院的學員，也只是開學不足一個月的新生，並沒有任何服務業或廚房工作的經驗。有鑑及此，馬會特別設計了一套非常嚴謹及有效率的訓練課程，為不同背景和沒有工作經驗的兼職員提供兩天的特訓課程，讓他們在最短的時間內，了解兼職工作的範圍、操作程式、服務流程和待客標準等。

由於兩個馬場的餐飲設施實在太多，提供服務的範圍實在很大，每逢賽馬日，屬於馬場的三、四十個餐飲部全職員工，即使是職位較低的服務生，都要肩負著重要的責任，職責上變身成為領班，每人帶領著四至六位的兼職員工，前往約可容納數十人指定的賽馬私用包廂提供餐飲服務；而部長級的員工，則帶領更多的兼職員工，到可容納百人以上的餐飲設施、又或更高級的會員包廂或馬主包廂招待客人；至於副經理或以上級別的員工，則負責管轄幾個不同的餐飲設施，或為遴選會員或董事包廂的客人提供優質的服務。

馬場的餐飲部員工，在賽馬日提供餐飲服務予到場的馬迷或旅客，而在非賽馬日，則負責提供其他宴會服務，如婚宴、美酒派對、公司週年聚餐等。除此之外，也會為在馬場以外舉行的各項大型的戶外活動，如國際網球賽，提供「到會式餐飲服務」（Outside catering service）。因此，在馬場的一段日子，儼如在全港最大的宴會服務機構之中工作。

由於宴會服務的操作性質跟一般餐廳的運作不同，宴會部的員工絕大部分是兼職性質，部分員工的經驗與其他餐廳的正職員工更是相距甚遠。因此，要提供達專業水準的宴會服務，必須在宴會前有充足的準備、仔細妥善的安排，按照員工的經驗和能力適當地編配工作，給予所有員工簡單直接及清晰的指令。

此外，兩個馬場的餐飲設施範圍實在太大，有時候服務生需要協助或尋求上級指示，領導層級也需要不時巡視各個場地監察指導，而作為副餐飲營運經理的我亦須同時監督兩個馬場的運作，所以一個有效的溝通匯報機制是非常重要的，當時馬場的員工身上都配備有可以隨時聯絡的裝置設備，以保證訊息可以迅速地傳遞、運作更暢順和有效，確保服務達到符合期望的專業水準。

飛往西班牙作餐酒之旅，於馬德里由米其林星級廚師 Paco Roncero 主理的 La Terraza del Casino 享用晚餐。

Paco Roncero 師承世界知名餐廳 el Bulli 的主廚 Ferran Adria。

馬會沙田會所。

沙田馬場的賽馬盛況。於賽馬日，香港兩個馬場提供餐飲服務予多達 4 萬至 10 萬名入場的馬迷和賓客。

組織法國波爾多美食美酒之旅及擔任領隊，當年的團費為每位超過30萬台幣，與團友們於 Chateau Palmer 用膳。

參觀酒莊 Chateau Latour，攝於莊園前。

攝於 Chateau Margaux 莊園內，放著過百年的珍藏。

生活消費 A14

中國廚神赴港製國宴

每位730至1780元 限馬會會員

部分國宴菜單

中國領導人喜歡吃什麼菜？

馬會國宴訂位方法及菜式內容

於幸運閣作「釣魚台國賓館」國宴推廣時，各大傳媒廣泛報導。「釣魚台國賓館」招待中國領導人及各國元首不計其數，因「釣魚台國賓館」是國營機構，其他商業酒店團體不易邀請得到合作。

「釣魚台國賓館」國宴推廣時的展台擺設，運送到來的專用餐具當年也超過六十多萬台幣。

「釣魚台國賓館」為此派出了共八位服務生的服務團隊。「釣魚台國賓館」的服務生是每年從各省挑選，除儀容及服務技巧外，其體重及身高也經嚴格挑選，是次被派來的服務生身高均約在170至173公分之間。

與馬會跑馬地會所的團隊合照。

擔任跑馬地會所副餐飲營運經理時，與馬會行政總裁黃志剛伉儷及「打吡西餐廳」團員合照。

為事業發展，要求轉任中餐廳「幸運閣」餐廳經理，與其團隊合照。

CHAPTER 5

挑戰公開市場，轉職香港文華東方酒店

加入香港賽馬會工作，「緣來」自香港文華東方酒店前上司的介紹和推薦，最後「緣去」了，要離開賽馬會的時候，則是得到另一位香港港麗酒店前上司的提攜。

二〇〇六年一個晴朗的賽馬日，在「香港港麗酒店」任職數年的前任上司陳總來電，那時他是副餐飲營運經理，他單刀直入地告訴我，他快將要轉職澳門，酒店要另覓一個合適的接班人，他想起的就是我，問我是否感興趣？那一年，「香港文華東方酒店」整棟酒店大樓進行了一場非常大型的裝修，暫停營業九個月，酒店正是要在一個月之後以全新姿態重新啟業，展開新里程，對我來說，這是一個極具吸引力的新挑戰，也是我職業路途上的另一個轉捩點！

香港賽馬會，有些人入職後覺得很不習慣，不久便離開；但更多的人，一旦入職後便不願離開。其中一個原因，是馬會的員工福利，與政府機構相近，員工除非犯了大錯，否則不會勸喻他離開；更重要的是，早期入職的員工，享有「舊制」的退休計畫福利，年資越久，相應獲得的退休金及福利越多。所以，一旦選擇離開的人，他日即使再加入，年資當然要重新計算，新制下的退休計畫，福利已沒有舊制的優越了。當時已在馬會工作了十年的我也面臨這個抉擇，加上那時候心知自己是被栽培的，是有機會再晉升管理層的其中一員，那時若離開馬會，付出的「機會成本」費用絕對是不少的。那時試算過，若之後發現新職位不合適，短期內即使能再加入馬會同一職位，其退休金福利可以相差超過百萬港元之鉅！

另一方面，香港文華東方酒店是香港最高級的國際酒店之一，一般來說，香港的五星級酒店絕少公開招聘類似高級管理人員的職位，一般也是從內部晉升或向集團的姊妹酒店中招手「徵召」適合人選。即使是公開招聘，以當年酒店的慣常運作，絕大部分情況下，酒店只會揀選擁有其他國家工作經驗的外籍人士。因此，對我來說這次機會也是相當難得，畢業後的第一份工作也在香港文華東方酒店，文華就像是我的「娘家」，不會感到陌生，加上它大裝修後有全新的面貌，確是充滿吸引力和挑戰性。最後選擇加入還有一個重要的因素，是我想挑戰自己，看看以往累積的經驗及市場策畫能力，能否在公開的商業市場有一番作為。

私人會所與國際酒店運作大不同

當年入職香港文華東方酒店，由前線的服務生起步，離開時是一名餐廳部長，主要職能只是按公司要求提供優質服務及推廣餐廳的菜式。十年人事幾番新，再回到香港文華東方酒店，職位是副餐廳營運經理，從對市場的認知發揮餐飲策畫能力才是這個職位的首要要求。

相較於香港文華東方酒店，即使是同一職位，馬會面對的是個非公開的市場，會所中某餐廳做大型推廣，多少也會影響其他餐廳以至其他會所的營業額，因為餐廳的顧客，只限於一萬多名的馬會會員及他們帶來的賓客；在香港文華東方酒店，策畫一個餐廳的推廣活動，面對的是擁有七百多萬人的整個香港市場，再加上每年從外地到訪的數百萬訪港旅客！

以往馬會餐廳邀請客席廚師之類的推廣活動，慣常在策畫階段準備一份周詳的「損益預算表」（Profit & Loss Forecast），預測推廣計畫能否達至收支平衡或帶來合理的利潤。入職香港文華東方酒店後，對推廣活動的預算規畫有了不同的概念和演繹標準。

當年入職香港文華東方酒店時值聖誕前夕，我的上司餐飲總監 Paul 已經把聖誕特別節目安排就緒，在聖誕夜，酒店的大堂將會聘請一個蠻有水準的外籍現場樂隊，加上專業音響、舞池、舞台及現場的各式聖誕裝飾，成本花費超過三十多萬港幣（約百萬台幣）。然而，只有光顧位於酒店大堂的「快船廊」（Clipper Lounge）的客人，才能一面用餐一面觀賞到樂隊現場表演，快船廊每年提供收費約每位一千多元港幣（約三、四千台幣）的聖誕自助餐，顧客平均消費只有酒店內另外兩所高級餐廳「文華扒房」和 Pierre 法國餐廳的一半；根據餐廳的容客量來計算營業額，「快船廊」在聖誕夜的收入根本不可能達到收支平衡。其實，如果酒店選擇相對便宜的樂隊組合或比較簡單的音響燈光設備，或許可以收支平衡，但酒店並沒有選擇這樣的做法。Paul 向我表示，聖誕夜的安排是一個提升酒店品牌形象的活動，現場樂隊及布置的費用，應由整個餐飲部門的所有餐廳分擔，更不應該將貨就價、為掌控成本而降低品質，一流的酒店便要提供一流的節目安排！在馬會，推廣活動一向講求收支平衡，這種固有的觀念讓當時的我心裏還是有點不明所以……

另一方面，快船廊在聖誕節前兩星期的自助餐收費也被調整了，主要的變動是把自助餐改成聖誕節的主題，換了些應節食品和略為增添一些高價的食材。要換作是馬會，自助餐的收費一旦提高，自助餐的食品種類和高價的食材必須根據改變的價錢而相應增加，令客人容易明白所增加的食物成本相應對等，否則很容易招來會員的投訴。其中有一些常客會員，能把整個咖啡室單點菜單的每一道菜的價錢說出來，某次季節性價格調整後，曾有會員說某道菜的價錢加了十元，還可以理解；但另一道菜卻漲了二十元，食材在街市買來只需約多少錢，是太進取，收費不合理！

細問之下，原來是因為快船廊每年聖誕的生意都特別好，很多公司更會選擇在此辦員工聚會，客人的需求大量增加，基於市場學需求與供給（Demand and Supply）的理論，即使收費提高了，如能提供客人期待的節日氣氛，客人也不會減少。又如酒店房間，客人都能接受同一個房間在旺季時是要多付數十百分比房費的。

暢旺熱鬧的十二月過去後，一月檢視了快船廊及餐飲部的收支報告，快船廊在聖誕前兩星期加了價，在收費增加，但食材方面，那些聽起來價格昂貴的海鮮或食物種類選擇沒有相應增加的情況下，完—全—沒—有—收到客人的投訴；增加了的利潤反而還能抵銷現場樂隊的支出費用，真的受教了啊！

公開市場建立品牌的重要性

聖誕前夕的自助餐漲價，雖然並沒有增加龍蝦或阿拉斯加蟹腳這些被標榜為高貴的食品項目，但快船廊自助餐所提供的食品和選材，每一項的品質和成本都必然是非常高的。例如：奶油是法國名牌出品；麵包是酒店用高級麵粉及奶油自製的；咖啡豆是跟酒店其他高級餐廳所選用的一模一樣，絕非華而不實；燒牛肉銀車提供的牛肋骨，是來自美國 Prime Grade 的高級牛排；海鮮選用高級的高價品種，絕非急凍貨所能比較；霜淇淋也是自家製，並非外購的一般貨色；一小份一小份的起司蛋糕和糕點，也是出自「文華餅店」，每件售價數十港元的高級餅食。以自助餐的價錢來說，只需要吃下數份糕點，選一客燒牛肉，加一點海鮮及魚生壽司，便已經值回票價了。因此，快船廊根本不需要增加某一類特定高貴的海鮮招攬客人，有品味及經驗的顧客，絕對能從細節之中分辨自助餐所提供食品的素質和價值。客人也相信「文華」這個品牌，即使麵包、奶油、霜淇淋等並沒有標明是什麼級數，但很有信心「文華」提供的絕對不是一般貨色。

相反，有些酒店標榜提供某外購的H或D品牌的霜淇淋，已算是自助餐的賣點了；又或者有些酒店以高貴海鮮例如龍蝦作吸引招徠顧客，但所提供的只是雪藏貨色，而且還會因為這重點食材成本相對較高，為平衡總計成本，會將其他食物選材減省，因而降低了整體食物的素質及減少了客人的選擇。

同樣道理，「文華」堅持聘請一個價錢較貴但有水準的現場樂隊為聖誕表演助慶，除了顯示這個高級品牌在市場的領導者地位外，也體現了「文華」是高級酒店，所提供的服務及產品，也必須是高質量和有高尚品味的。

五星級酒店每推出一項產品或一項服務，都必須與其品牌的市場地位相對應，才符合客人的期望。

漸漸，有感當初剛開始新工作時觀察得不夠細緻。不同的酒店在市場上有不同的定位，客人對酒店的期望也因而有所不同。五星級酒店每推出一項產品或一項服務，都必須與其品牌的市場地位相對應，才符合客人的期望。在香港文華東方酒店工作得愈久，愈漸清楚了解保持品牌形象的重要性。

領導市場的推廣活動

於香港文華東方酒店工作期間，參與了不少顯示「文華」具有領導市場實力、級數相當高的推廣活動，印象比較深刻的要屬以下三個了。

客席大廚 —— Thomas Keller

Thomas Keller 這位世界頂級的廚師曾為「文華扒房」任客席廚師。

在美國的 Napa Valley 有一所由洗衣工場改裝而成並取名「The French Laundry」的餐廳。Thomas Keller 自一九九四年開始接手經營後獲得不少的稱譽和獎項，其後，他在紐約經營的另一所餐廳 Per Se 於二〇〇六年首先摘下米其林三星的榮譽。自二〇〇七年起，與 The French Laundry 每年都是米其林三星得主，而他另一所餐廳 Bouchon，也年年獲取米其林一星榮譽。除米其林外，Thomas Keller 多年來也獲獎無數。早於一九九六年他已被選為加州最佳廚師，於一九九七年被選為美國最佳廚師，他的餐廳也經常被評選為世界五十大餐廳之一。

Thomas Keller的廚師團隊於二〇一〇年第一次訪港為「文華扒房」出任客席廚師，我有幸參與籌備這個計畫，有機會見識世界頂級廚師團隊的廚房運作模式，著實是感到非常興奮的。說是團隊，是因為他不是自己一個人來，甜品廚師團隊共有六人，另外還有餐廳經理及宣傳部經理一同到訪。

在事前商討的階段，酒店提供了非常詳盡的資料，包括了「文華扒房」廚房、中央廚房及餐廳的照片、廚房器具的清單，以及各主要廚師及餐廳經理的背景資料。對於食材的準備，他們要求更加細緻和嚴謹，不論菲力、巧克力原料，小至一顆草莓、大如龍蝦，清單上的每一項食材均有指定的供應商、產地及品種！有些食材，例如某種特別的奶油，他們知道在香港一定找不到的，就會明言自己帶過來，其後再由酒店支付費用。也正因如此，食材的成本在籌備階段不得而知，也難以為菜單訂價及公開發表。

然而，推廣還沒有正式公布之前，坊間已聽聞了Chef Thomas Keller將會來港作客席廚師的消息，很多食客紛紛致電酒店查詢，已經不問價錢，只求訂到座位。「文華扒房」只能容納七十多位客人，即使開放與「文華扒房」相連的The Krug Room也只能多容納十四位客人。推廣期其實只有四天，推廣宣傳正式開始時，來電查詢或留座的客人，已超過一萬三千多人！面對洶湧的狂潮，酒店也只能把所有要求訂位的客人記錄下來，最後按照客人過往對酒店的支持度及來電訂座的日期，來決定座位分配的先後次序。

在訂位早已爆滿的情況下，酒店管理層還努力地思考著要發出一則怎樣的廣告，正式向市場發布推廣活動的資訊，但又如何能避免，市民看過廣告後即使馬上致電訂座時，亦會發現預約爆滿而感到失望呢？於是管理層特地找來一流的廣告公司開會商討，多番小心翼翼地審視廣告的內容，最後發出了一則廣告，其中一段內容的重點是說：「這是一次史無前例的推廣活動，對於只有少數並已經成功訂到座位的客人，我們恭喜您及期待您的來臨！」

廣告是刊登在與「香港文華東方酒店」的市場定位對等的一份香港主要英文報章《南華早報》中，廣告費用也絕對不是一筆小數目呢。如果不聘請廣告公司及刊登報章廣告，酒店大可省回一筆可觀的費用，但這是一個壯大酒店品牌、鞏固酒店形象的推廣活動，也是對世界級大廚的一種尊重和敬意，沒有這些付出，便不能達到推廣活動的真正效果和目的。

最後，晚上推廣套餐的定價為每位港幣五千八百八十八元加百分之十服務費（約台幣二萬四千元），The Krug Room 指定套餐的定價則稍高，每位港幣六千八百八十八元加百分之十服務費（約台幣二萬八千元）。四天的推廣活動當然是一「位」難求，全場座無虛席，而且整個過程運作非常暢順，得到了空前的成功！

就個人而言，我也從這次「學習」中感到大開眼界，獲益良多。

• 努力不懈，親力親為

Thomas Keller 貴為世界級廚師，但仍做事親力親為並且處事認真。在推廣活動期間，為免所有客人在同一時間到場，令廚房不勝負荷，於是餐廳特意作出安排，每相隔十五分鐘才安排最多三桌或十二位客人入座；因此，每天招待的七十位客人，最後要編排到晚上八點半才能全部就座。當廚房把所有菜式準備妥當，待所有客人也用膳完畢，也已經是晚上十一時過後。Thomas Keller、廚房團隊、服務團隊才有時間吃晚餐，然後回顧當日的運作、檢討和改善對策。事後檢討完結後，已經是午夜凌晨一時過後了。第二天早上，Thomas Keller和團隊成員，又相約全員八點集合吃早點、開會和安排準備，四天的推廣，每日如是，絕無鬆懈，盡顯團隊的專業精神。「文華扒房」的團隊也不敢怠慢，全力以赴，一同作戰直到最後才一同享用「午夜晚餐」。

- **準備功夫充足，安排井井有條**

Thomas Keller的廚師團隊來港之前，曾要求過「文華扒房」的廚房設施、器具及個別廚師的工作背景等資料。目的是為了到達酒店後團隊能迅速準確地掌握現場環境，讓雙方廚師團隊的工作分配更加暢順，各人的職責範圍更清晰，知人善任。此外，他們想讓來賓盡量享受有如置身The French Laundry的進餐體驗，也特地安排了The French Laundry的餐廳經理一同來港，為的是訓練「文華扒房」的服務團隊，配合提供跟The French Laundry如出一徹的餐飲服務。還有一位宣傳經理，他與酒店公關部緊密合作，所有有關這次的推廣活動消息，才得以每天迅速準確地發布，令這次推廣成為城中熱話！

‧勝在細節，食材要求嚴謹

不難發現，Thomas Keller 主理的菜式和擺設，並不追求標奇立異、搶人眼球的效果，他菜式的擺拼四平八穩，其過人之處，全藏於細節及嚴謹的食材選用之中。

據 Thomas Keller 和餐廳經理所述，The French Laundry 餐廳旁邊設有一個花園農場，很多菜式所用的香草食材，也是從那裏新鮮採摘的。另外，在餐廳不遠處有一個小農場，他與小農場簽訂了協議，出產的奶油只能提供給 The French Laundry。原來農場只養殖了兩頭乳牛，他們每天清早將乳牛生產的牛乳新鮮製成奶油，產量剛好足夠供應餐廳每天使用！後來 Thomas Keller 在 The French Laundry 餐廳附近開設了另一所餐廳 Bouchon，每天需要的奶油分量也得增加，所以特準農場多養殖一隻母牛，以供應所需。因此他的餐廳做菜或提供的奶油，比其他餐廳外購而來的奶油更加新鮮，品質更有保證，是其他餐廳模仿不了的！其他食品原材料，例如製作巧克力甜品的可可豆，也以類似的方式，指定小農戶生產商安排，獨家供應給 The French Laundry 使用。

‧信念、團隊精神、領袖能力

在推廣活動期間，在廚房內及餐廳出菜的範圍，貼上了 Thomas Keller 的格言。他的格言反映了他對烹飪充滿了熱忱和抱負：「A recipe has no soul. You as the cook must bring soul to the recipe.」、「To make people happy,that's what cooking is all about.」不難感染到他強烈的使命感，也能壯大團隊的凝聚力和動力！加上他凡事親力親為、以身作則，無論是他的廚師團隊或是文華的團隊，皆士氣大增。在每一天的推廣活動完成後，他也親自跟團隊回顧當日的工作及多謝團隊過往的努力。最後一場活動完成後，他原來準備了不同的紀念品如他的不同著作、The French Laundry 圍裙等，送給整個廚師團隊、服務團隊和管事部團隊，讓大家都感覺很驚喜！但是，令人最意想不到和非常感動的，是他竟然祕密地在香港訂製了一批T恤，上面印有他其中一道格言的中文翻譯版：「自古成功在嘗試」，送給全場由經理至管事部的所有同事作為紀念，盡顯他的心思，讓每位在場人士都感到窩心和留下難以忘懷的一刻。

而我也特別把這次珍貴的推廣活動用相機記錄下來並製作成相冊，送給 Thomas Keller、他的團隊及「香港文華東方酒店」曾參與活動的員工同事，希望能為大家把這次珍貴的經歷和非常美好的回憶留下一個印記。

客席廚師——北京大董烤鴨

我喜歡攝影，相機固然是良伴，想不到它也助我解困，促成一樁業務合作。

自二〇〇九年「米其林指南」開始推出香港版的美食指南後，香港文華東方酒店的 Pierre 法國餐廳已取得星級榮譽，文華扒房首年被米其林評為「舒適」（Comfortable）的餐廳後，翌年也晉級，與 Pierre 雙雙被評為星級餐廳。然而，中菜餐廳「文華廳」在最初兩年也未能摘星，為了不斷提升中菜餐廳的品質，酒店於是致力改革文華廳，指望其餐飲品質達到

「自古成功在嘗試」，Thomas Keller的格言反映了他對烹飪充滿了熱忱和抱負。

更高的水準。

酒店的餐廳，除了食物品質重要之餘，還需要很多方面的配合，才能取得成功。事實上，與另外兩所高級西餐廳相比，當時文華廳在市場的關注度相對上是略遜一籌。Pierre 法國餐廳是與世界級廚師 Pierre Gagnaire 合作經營的，餐廳的大廚、甜品總廚及經理也是由 Pierre Gagnaire 親自揀卒，每年 Pierre Gagnaire 也親臨香港三次進行監察和推廣，以他的知名度和人氣，自然得到各方傳媒及美食家的關注，餐廳打從開業第一年便能獲得星級榮譽。另一所高級餐廳文華扒房，由總廚 Uwe Opocensky 主理，Uwe Opocensky 是當時在香港唯一一位曾經在世界排名第一的 El Bulli 餐廳工作過的廚師，他的創意和廚藝，得到不少好評，自第二年起已得到了星級的肯定。

要獲得市場的關注，邀請客席廚師多作交流是其中一個方式。

要打響頭炮，尋找「門當戶對」的客席廚師。條件有三：一、高尚但不能屬於其他品牌酒店；二、菜式要具代表性和傳統，外國人普遍認識的；三、對方不曾來港交流。

經過多番思量探求，我們最後決定邀請當年已開始受國內、國外關注的 —— 北京大董烤鴨店。

北京大董烤鴨店，原為北京烤鴨店，於一九八五年成立。從二〇〇一年由國營改制，總經理董振祥被朋友們稱為大董，由此得名。以高級餐廳定位的北京大董烤鴨店也是饗客品嘗烤鴨的熱門地點之一。美國總統歐巴馬及夫人也曾經是他的座上客。

大董先生是中國餐飲圈內唯一一位獲得 MBA 學位的廚師兼餐飲管理者，在餐飲界有很高的聲譽與地位。大董烤鴨與眾不同的地方，在於大董把傳統烤鴨的作法作出很大程度的改變，他從健康的角度改良烤鴨，烤鴨的油脂含量只是傳統烤鴨的一半，但鴨皮仍然酥而不膩，因此深受饗客的歡迎。

大董烤鴨有八種調料：甜麵醬、葱段、砂糖、蒜泥、醬菜、泡菜、蘿蔔和黃瓜。鴨的不同部位也有不同的吃法；鴨皮蘸糖，入口即化；鴨胸肉蘸蒜泥吃，別有一番滋味；其他部位放在荷葉餅上再配上喜歡的調料吃。

說到大董，不可以不提的是大董先生所創的意境菜。「意境」在《辭海》中的解釋為：文藝作品或自然景象中所表現出來的情調和境界。中國烹飪協會祕書長馮恩援先生因此認為：「意境菜是創作者通過對自然景象的提煉而表現出的一種感受，這種感受形成了菜肴的藝術氛圍，使人通過感官、思緒、想像、味道的巧妙對接而產生無限的遐想。」傳統上中菜的創作著重「色」、「香」、「味」三個觸感上的享受，大董先生藉著他在中國國畫、攝影等的藝術造詣，在菜式的創作及造型設計上，從以往傳統的色、香、味三個觸感之外，再加上了「意境」這一享受元素！

• 與北京大董烤鴨直接交流

與大董烤鴨聯繫上之後，說明了我們的背景及合作意向，雙方經過一輪商討，大董的總烤鴨顧問廚師對於香港法例「不容許餐廳以明火果木烤鴨」顯得有點猶豫，後來，我們將文華廳廚房的設施等圖片傳送給他，再詳細解說在設施上可以調校配合，最終也能獲得大董團隊的理解和接受。經過幾個月來多番的努力，最後在推廣日期、合作條件及形式上達成了共識，雙方通過電郵和書信終於簽訂了合作契約。

距離推廣日期的三個多月前，我與文華廳的新任大廚李文星師傅及認識大董團隊的聯絡人一同啟程前往北京與大董先生及他的團隊面談，安排合作的具體細節及商討菜式選項。

雙方見面的地點是北京大董烤鴨團結湖店，乃大董王國的發源地。首次與大董先生見面，他昂藏七尺，氣宇軒昂，連同十人管理團隊，氣勢不凡。雙方客氣地打招呼，相互問候一下，大董先生立下馬上提出了四個關鍵性的疑慮。

第一，香港文華東方酒店負責大董團隊的來回機票及食材運送等各項費用，而推廣期只有四天，酒店一方絕對賺不了錢，更很可能賠本，酒店實際目的實為套取大董的配方而已？第二，文華廳樓面及廚房面積比大董烤鴨店相對細小得多，恐怕廚房不能應付所要求菜式的數量；第三，大董想多帶兩位廚師配合大董烤鴨的廚房分工方式，但擔憂文華會否應允。第四，最重要的，是文華廚房沒有足夠空間風乾鴨子，香港法例亦不容以果木明火烤鴨。只能以不銹鋼煤氣烤爐烤製，故此大董一方還是建議不賣北京烤鴨，建議集中推廣其他招牌菜及意境菜式。

聽罷，真是冷汗直冒！心想，必須馬上急謀對策。最初的三點疑慮，其實很有信心令對方信服。因為酒店邀請大董烤鴨來港的本意是一場美食交流，為顧客提供不一樣的舌尖享受，藉此提升一下文華廳在市場的關注度，並非為了賺錢，更莫說奪人配方；至於廚房空間的疑慮更不是問題，香港人已久經訓練，絕對能善用空間，文華廳選菜也實只宜精，不宜多，用以風乾烤鴨的空間可另外作安排。多派兩位廚師到港，只是成本增加的問題，並非不能解決；然而，第四點確實有點難度，邀請北京大董烤鴨到港而不售賣其招牌北京烤鴨，市場是絕對不會理解的。與其未能得出共識，大家處於僵持情況，我最後提議還是先放下話題，大家喝個茶、拍個合照，轉換一下氣氛。

說時遲，大董先生跟我差不多同一時間把N牌旗艦型號的相機拿了出來，那個型號的相機當時還未正式上市，要有特別的「關係」才能先行擁有的啊！那一刻，我倆相視而笑，話題馬上完全轉到「攝影」去了，馬上請教大董先生的攝影及操作那新型號相機的心得，經大董先生的技術指導後，共通的話題令雙方也投契起來，也因此把戒心放下，往後的商談變得順利得多，最後說服了大董先生把他們北京烤鴨獨有的烤法調校一下帶到香港，讓文華廳的饗客一嘗滋味。他所安排的額外廚師，也不會另外收費！

一般客人或許不知道酒店籌畫客席廚師遭遇到的各種挑戰。例如，酒店需要為廚師團隊申請工作簽證，正常需時長達最少四、五個月，但北京大董團隊的員工來自不同省份，那是要先行安排那些來自其他省份的員工先行回鄉，才能在其出身省份辦理簽證申請的！除了人之外，還有運送材料的問題需要解決，大董烤鴨選用的鴨種是指定選購自位於北京的一個國企農場，但由於法例的限制，指定的生鴨子不能直接供港，即使冰鮮了，也必須經由上海，不能直接從北京運送到香港，這樣一來，冰鮮的溫度、包裝裝貨的方法、運送的過程等都要有周詳的考慮，才能把鴨子保持在最新鮮、最原味、外皮最完整、肉質最好的狀態，因此，從那裏取貨、保鮮及過關，又是要跨越了重重難關。

在烹製烤鴨時，因為酒店只能用不銹鋼爐來烤鴨，依照他們傳統的北京烤鴨方式來烤鴨，需要以相對較低溫度下烤一個多小時，比較廣東式烤鴨的二十多分鐘為長，因此「即叫即燒」並不可行；國內人多地廣，北京大董烤鴨店單是甜品廚房已是文華廳廚房的兩倍以上，只是甜品部廚師的人數已經比整隊文華廳廚房的人數要多，在工作分配、空間處理及運作形式的調整上必須要做出適當的改變。

這次推廣，廣受市場歡迎。要求訂位的客人非常踴躍，文華廳每晚只能招待六十位客人，在推廣期前數星期，七天的預訂已經全部爆滿，除外，每晚的後備客人名單也超過一百人之多。酒店在第二年因此引用了二輪訂位的形式，讓更多顧客可以品嘗到大董的手藝，但要在訂位及烤鴨的時間上配合得宜，運作流程則必須有更精心的安排。

與大董先生的合作交流，除了豐富了有關烤鴨的知識和學問，還有意外的收穫。讓我學會利用「攝影眼」及將「文學的認知」運用到菜式造型設計、概念研發及點題上。日後我在怡東酒店時推出的「雙生金魚餃」，將蝦餃設計成金魚，金魚游走於以荷葉、白菜伴襯成的荷塘之中的意念，正是受了這次推廣的啓蒙，與黃永強師傅及譚道明師傅共同研發出的菜式。之後市場上亦有不少中餐廳也相繼推出各式各樣金魚餃，好不熱鬧。

之後連續在二〇一二年及二〇一三年兩年，大董先生繼續帶領著他的團隊到文華廳進行推廣，大董烤鴨受到廣大饗客歡迎與雙方合作愉快的程度，也可想而知吧？

大閘蟹推廣——上海成隆行蟹皇府

大董烤鴨客席推廣在二〇一一年第一次取得成功後，我與李文星師傅並沒有因此停下來，而是馬上又開始謀畫新一輪的推廣策略。為了配合時令季節，當年我們決定以每年秋天也大受歡迎的大閘蟹作為推廣主題。

要推出別出心裁的客席廚師推廣，首先要找來一些有實力的合作夥伴，只有優質的產品、有信譽的品牌才能吸引講究食物品質的顧客，如果還有一些搶眼球的賣點，當然更相得益彰。所以我們找來了上海成隆行蟹王府作為這次的合作夥伴，上海成隆行蟹王府餐廳歷史悠久，以烹調大閘蟹菜式而知名，她是中國政府指定的香港三家大閘蟹總經銷商之一，過去五十多年一直為中國各地、香港、台灣及日本等地供應優質螃蟹。他們也於江蘇太湖擁有大閘蟹飼養基地，對於大閘蟹原材料的質量控制，提供一定的保證。此外，他們還能從上海的餐廳派員來港，現場即席為客人表演，以純熟專業的技巧，在三分鐘之內將原隻大閘蟹拆肉後拼回原狀，以供客人能手不用拈蟹殼簡單地以筷子享用。

大閘蟹，是「中華絨螯蟹」的俗名，亦稱「上海毛蟹」或「河蟹」。

傳統上，產自江蘇陽澄湖及太湖的大閘蟹，公認是知名度最高及品質最好的大閘蟹。原因之一，是陽澄湖地理上鄰近長江交匯處，它是海水與長江的淡水相遇的第一個湖泊，陽澄湖水質潔淨，水位常年不到兩米深，陽光能照到湖底，滋養水草及豐富湖中各種生物的生長，造就了利於大閘蟹生長的環境。也因湖底硬而水流急，大閘蟹需多用爪去穩定身軀及覓食，令蟹爪

酒店的餐廳，除了食物品質重要之餘，還需要很多方面的配合，才能取得成功。

比較強壯有力！鄰近的太湖，面積比陽澄湖大二十倍以上，平均水深及水溫也與陽澄湖相近，因此也出產優質的大閘蟹。

根據「中國漁業統計年鑑」的官方數據，陽澄湖大閘蟹的年產量只有約二千噸左右，只占江蘇省大閘蟹年產量五十七點四萬噸的百分之零點七比重或全中國大閘蟹總產量六十二點七萬噸的百分之零點三。

- **供不應求，提防假冒的沖涼蟹**

由於真正的陽澄湖大閘蟹往往供不應求，市場上以其他蟹冒充陽澄湖大閘蟹的情況確累見不鮮。除了戴上假標籤的冒牌蟹外，也有所謂的「沖涼蟹」，就是有不法的商人把在別處成長的大閘蟹，拿到陽澄湖浸上一、兩天，然後標籤成「陽澄湖大閘蟹」。

- **百花齊放，優質蟹種遍地開花**

另一方面，為了增加市場競爭力，中國其他地區的蟹農也一直致力改良他們養殖的大閘蟹品質，二〇〇七年上海海洋大學舉辦了首屆「全國河蟹大賽」，奪冠的一對蟹並不是產自陽澄湖，自此，「全國河蟹大賽」舉辦了十年。據介紹，比賽第一關採用上海海洋大學開發的「全國河蟹大賽評比軟體系統」評比參賽河蟹的體重、殼長、肥滿度和個體差異，再從分數的高低排序來確定「金蟹獎」；接下來的第二關，由專家從「金蟹獎」代表中根據色澤、氣味、口感等評選出「最佳口感獎」。台灣苗栗縣養殖的大閘蟹代表，便於二〇一四年及二〇一五年連續兩年獲得「最佳口感獎」。

其後，為鼓勵全國養蟹單位應用優質種源，該大賽更設立了「最佳種質獎」。二〇一六年，來自蘇淅滬等地近七十家養殖單位選送了一千九百餘隻河蟹，角逐蟹王蟹后獎，最終由安徽省五河縣的四百五十五點二克河蟹摘得「蟹王」稱號，而江西省的一隻三百六十點零克雌蟹則成為「蟹后」。數年前，也有商戶開始引入從歐洲的野生大閘蟹到香港銷售。

「九月圓臍十月尖，持螯飲酒菊花天」，要知道為何農曆九月圓臍的雌蟹較好吃，十月啖尖臍的雄蟹較佳，便要認識大閘蟹的生命週期了。

每年秋季九至十一月是大閘蟹繁殖產卵期，從出生到成熟，他們經歷蛻皮、蛻殼共十多次，在最後一次蛻殼前，背甲下的肝胰臟蓄積著大量的養分，蟹黃變得豐腴飽滿，那就是「六月黃」了。到了九、十月份，大閘蟹性腺漸趨向發育成熟，肝胰臟開始萎縮，養分轉移到性腺，雌、雄蟹包含卵子、精液的卵巢、精囊等都膨大起來，那就是老饕至愛的蟹黃、蟹膏了；此時，黃澄澄的蟹黃甘香豐厚，晶瑩剔透的蟹膏黏密濃厚，正是吃大閘蟹的最佳時機。一般來說雌蟹成熟速度比較快，所以雌蟹比較適合在九至十月先吃，過後，本為豐腴甘香的蟹黃也變得稍硬，鮮味漸遜。

每年蟹農們會因應天氣決定當年的開捕日期，開捕日取決於大閘蟹的交配期。二〇一七年陽澄湖的開捕日期定於九月二十三日，洪澤湖的開捕則定於九月二十九日。蟹農要在大閘蟹交配前捕獲及分開，因交配後的大閘蟹會「兩敗俱傷」，雌蟹的蟹黃會從紅變黑，而雄蟹便精耗膏虛，瘦弱不少。

- **實地考察，品質高下立見**

在推廣前的籌備階段，我與文華廳的李文星師傅特地到上海實地考察養蟹生態及了解合作夥伴成隆行蟹王府的大閘蟹養殖安排和參觀他們經營的餐廳。

從上海市駕車到太湖途中，看到不少由農田改建而成、沒有流動活水的養蟹塘，這些池塘便是出產人稱「塘蟹」的池塘蟹場。所謂「塘蟹」，是用面積小的池塘養殖的低成本清水河蟹。池塘放養密度大，又沒有流動的水源活水交替，蟹的排泄物混在一起，塘蟹比較容易生病。蟹農往往使用違規的抗生素來防治塘蟹生病，因此蟹體內也有機會殘留這些對人體有害的藥物。另一方面，塘蟹生於塘泥池底，蟹底較黑，也有商人因而用漂白劑清洗蟹身，故被謔稱為「藥水蟹」，所以，奉勸大家不宜選購太便宜的大閘蟹。

池塘養蟹場的出現，也因政府對湖泊養蟹場的面積及位置有嚴格的規定，不是每個農戶也能爭取得到。太湖及陽澄湖除了出產大閘蟹及各類海產外，亦提供附近各省飲用水。兩湖數年前因大閘蟹養殖場太密及面積太廣，投湖的飼料太豐盛，曾嚴重影響水質致生態失衡，爆發藍藻潮。為控制水質，政府當年便著手規畫控制大閘蟹的養殖面積。近年政府對水質監控日益嚴謹，單是二〇一七年，政府便規定把陽澄湖從二〇一六年的三點二萬畝養殖面積減少至二〇一七年的一點六萬畝，令產量減少近半。

從參觀過不同的養殖場農莊，不難發現其中一些品質高低因素。設在湖泊河口附近的養殖場，受益於第一手新鮮湧入的河水以及它蘊含的天然飼料，這裏的大閘蟹自然比位處密度高、被其他眾養殖場圍著的養蟹場的出品為優了。設備方面，原來有些蟹農為提高品質，在養殖場附近設置了大量的暫養箱，把已經被捕獲及被「雌雄分房」的大閘蟹，在發售前再放養一段時間，餵食螺螄、小魚等天然餌料，以增加蟹肉鮮味及品質。

此行親身觀察養殖場環境設備，向蟹農直接了解養蟹程序，由自己親手捕蟹，現煮現吃最新鮮的大閘蟹，直接比較不同出產的品質，當然比只在香港的零售點比較產品更清晰及深入。

• 以大閘蟹食法為靈感，安排推廣活動

要品嘗大閘蟹，最普遍的食法是原隻蟹洗淨之後加上紫蘇葉後清蒸。一般會用上一、兩件拆蟹工具，包括剪刀及小剔刀；非常講究的，更會用上「蟹八件」（錘、鐓、鉗、匙、叉、鏟、刮、針）的食蟹器具。當然也有人不需任何工具也能瀟灑地完成任務，甚至拆出來的蟹殼可以完整地拼合成一隻蟹形。如吃不得其法，囫圇吞棗，蟹肉吃不得乾淨，也就浪費食物了。

雖然香港賽馬會也曾邀請過成隆行蟹皇府到會所的中菜餐廳作推廣，但香港賽馬會畢竟只招待會員，當中大多數是香港本地人，對吃大閘蟹不會陌生；相對於馬會，文華廳有不少客人是酒店的住客，對於怎樣去拆開一隻大閘蟹品嘗，是一件很陌生的事情；文華廳的客人以商務性質的居多，並不方便於商務聚會讓客人花時間自己拆大閘蟹來吃，因此，我們推斷這樣的推廣在文華廳會比較受客人歡迎。最後，從文華廳客人的評價和反應，反映了客人對於這次

席前拆蟹的服務非常受落，令人欣喜。

雖然，在大閘蟹盛產的期間，像文華廳一樣以推廣大閘蟹招徠的餐廳多不勝數，文華廳除供應的大閘蟹品質高之外，還加上了「三分鐘拆蟹還原」的點子，這類型的大閘蟹推廣和服務在市場上是比較少見的，所以吸引了各大、小媒體的採訪，有些更樂意以視像形式向讀者報導，成功贏得了不少傳媒的專題報導。

從大閘蟹的推廣經驗得知，一個成功的推廣，並不單靠產品自身的品質和吸引力，也要認清產品是否符合目標顧客的需要和口味，能抓緊產品獨特的賣點更是取勝的關鍵。這一次推廣活動的成功，也造就了成隆行蟹皇府往後連續兩年到文華廳再作推廣。

改革文華廳，摘下米其林一星

紅色封面的「米其林指南」是享譽國際的美食指南，「米其林」對餐廳的評級很有系統，而且評級過程有嚴謹的標準和要求，「米其林」每年的星星評級，在餐飲業界是具有影響力和認受性很高的美食權威之一。因此，《米芝蓮指南香港澳門》於二〇〇九年首次推出時，備受香港人關注。由那年開始，香港的餐飲市場，特別是酒店界，瀰漫著一股「追星」的熱潮和動力。能在「米其林指南」獲得評級的餐廳，對酒店界來說，是一種榮譽和肯定，一旦榮登榜上的話，也絕對不能鬆懈，必須維持餐廳出品的質量，甚至要加倍努力，向著獲得更高榮譽的目標前進；在飲食指南的推動下，還未榜上有名的，亦紛紛自我檢討，改善餐廳食物和服務品質，以「摘星」為目標。

「米其林」登陸香港後，香港文華東方酒店的 Pierre 法國餐廳及文華扒房亦已相繼「摘星」，令香港文華東方酒店成為全球其中一家只有少數能擁有多於一間米其林星級餐廳的酒店。香港一直享有「美食天堂」這個美名，而位處香港心臟地帶的香港文華東方酒店內的文華廳，作為文華集團中華地區的高級中菜餐廳，把中菜做得出色、更精益求精本來就是整個餐飲團隊的使命，因此，只是適逢「米其林」的出現，文華廳的廚房和服務團隊便有了更明確和清晰的目標，背負「香港高級中菜餐廳」之名，為獲得餐飲業界權威之一的認同而努力奮鬥，才不會辜負廣大饕客對「文華東方酒店」這個品牌的期望。

文華廳的定位分析

香港文華東方酒店位處香港島的中環區，是香港金融及商業的心臟地帶、各大銀行總部或國際大機構的集中地，也是很多本地富商、政經名流商談業務而經常出入的地方。而香港文華東方酒店本身也是一個品牌享負盛名的國際酒店，文華廳固然是全港其中一所每人平均消費最高的中菜餐廳。因此，基於地理位置的優勢和品牌效應的關係，很多國際企業的高級行政人員、總裁都是文華廳的長年老主顧。

當年的香港文華東方酒店有客房約五百間之多，文華廳只有約六十個座位，是全港五星級酒店之中，容客量最少的一間中菜餐廳，客人以住客、高級行政人員或因商務性質而光顧的顧

只有優質的產品、有信譽的品牌才能吸引講究食物品質的顧客，如果還有一些搶眼球的賣點，當然更相得益彰。

客為主。假若有一成的住客同時要求在文華廳訂位，餐廳的座位已經供不應求了。由於文華廳位處人流不絕的優越位置，可以容納的客人又很有限，餐廳經常座無虛席。因此，餐廳並不需要什麼花巧，只要做些基本而優質的菜式，維持穩定的水準，餐廳的生意已經是很理想的了。這個可能也是令人感覺酒店即使經過很大型的裝修，但文華廳仍然是過於保守，並沒有令人耳目一新的光彩；菜單欠缺具有代表性的招牌菜式，缺乏亮點的原因吧。

按我那時的理解，文華廳供應的菜式受客路所影響，比較偏向照顧外籍客人的口味，外國人對中菜的認識也多局限於一些如咕嚕肉、春卷等傳統典型的菜式。然而，由於香港飲食市場競爭激烈，很多中菜餐廳已不斷在進步，粵菜除了基本的傳統菜式要精益求精，要在香港市場爭一席位，便要不斷推陳出新；有些人對酒店的中菜餐廳仍留有一貫「價錢昂貴，只騙洋人」的印象，文華廳更是要加倍努力，革新求變，才能在不斷求新的中菜市場脫穎而出！個人認為，文華廳在改革之餘，一方面應該讓更多對中菜認識不深的外籍客人對中菜重新了解，將中菜變化多端，色香味俱全的形象具體展現，肩負起「教育」外國人對中菜重新定義的使命，為酒店的中菜多添一層意義；另一方面，香港和周邊國家地區對高品質的中菜有熱切追求的美食評論家多不勝數，文華廳應重新定位，除旅客和商務貴賓的市場外，更需吸納那些對美食有嚴謹、高層次要求的客群，在餐廳改革、市場反應、意見交流的層面上，必定無往而不利。

二〇一〇年中我把文華廳的新的市場定位、改革意念和計畫向最高管理層說明並獲得批准後，第一輪客席廚師推廣活動（即北京大董烤鴨店）的籌備工作已經馬上展開。正值改革餐廳這個時機，幾個月後，酒店更邀得根基扎實，曾為國家領導人、富豪名人主理過菜式，在馬會任主廚的的李文星師傅加盟文華廳。二〇一一年一月李師傅上任後，我把企畫了文華廳的市場定位和發展方針，向李師傅和文華廳的團隊詳細解釋，希望他們按照新的路向指引，將文華廳的菜單作出策略性的改變。由於我的上司、酒店總廚及總經理均是外籍人士，所以與團隊進行詳細的檢討和溝通，再由李師傅把菜單的內容、菜式供應結構（分量大小）等提供全新的選項，整個過程必須由我主導帶領，集合整個團隊的力量，希望把文華廳改造成一個備受市場注視、品質有目共睹的高級中菜餐廳。我們的目標不單是繼續得到既有長期客戶的愛戴，更要讓外國人更容易領略和認識中菜的新面貌和特色，再而成為有嚴謹要求的饗客推崇擁戴的餐廳！

我加入香港文華東方酒店一年多之後，文華廳才由我接任管理的。接任初期，文華廳只在星期六、日的中午時段才供應點心。這個做法，對於點心質量及食物成本的控制來說，其實是一個挑戰。

理由是，點心製作是一門專業，文華廳必須在週末日特別招聘安排額外的點心師傅製作點心，人手的穩定性是不能確定的，點心的品質也可能受影響。其次，點心的備貨是一個難題。每週末大清早，點心師傅便要預先把各款點心做好，由於各款點心的售賣數量不可能預先完全準確地掌握，為免供不應求，他只能按當天的客人訂桌人數來推算點心的要求量，免不了每款點心也需要按量多準備一些。但週末午餐過後，剩下來的點心，又得找方法處理，增加了餐廳的成本，甚至可能會被浪費掉。

假若平日也供應點心的話，也有廚房空間不足與成本效益兩個問題。廚房面積非常有限，要騰出位置做點心是有點困難，再者，要覓得一位獨當一面、手藝不凡的點心廚師也非易事。另外，一般而言，點心比小菜的售價較為便宜，中午時段吃點心的客人也比較多，這樣，中午每人平均消費便會被調低，加上文華廳容客量少，若中午加售點心，對餐廳營業額的影響是不能小覷的。在商言商，似乎當初「點心只在週末供應」這樣的規畫不無道理。

然而，我認為平日供應點心是有價值的。對很多外國人來說，粵菜中認識較多、印象較深的必屬「點心」，於平日訪港的外籍客人，往往因為發現文華廳平日沒有點心供應後，而轉到其他有點心的中菜餐廳去，客人因此而流失之餘，也讓客人失望了。文華廳作為國際級酒店的高級中菜餐廳，有責任確保所供應的菜式具有代表性，也需維持菜單內容的完整性和全面性。更重要的是確保食物品質的一致性，聘用不同的師傅只在週末供應點心的作法，難以保證點心的品質不會參差。最後，在顧客需要、品牌形象與營運收益之間作出了抉擇。

利用文華廳的「小」作賣點

幸運地，文華廳找來了劉志文師傅，他有數十年經驗，是要求非常嚴謹的點心師傅，點心的水準有了保證。當時香港四季酒店的米其林三星中菜廳龍景軒提供十二款點心，透過市場研究後，文華廳決定推出十三款點心，其中一些點心的價錢更比龍景軒稍貴，主要原因是點心的選材更嚴謹，用料更精緻。

十三款點心的每一款都必須認真用心地製作，除了蝦餃和燒賣兩種傳統的點心不可少外，有九十多層酥皮外層的「黑椒和牛酥」及「羊肚菌野菌餃」等是饗客至愛之選，此外，文華廳還選擇了一項普及而受歡迎的甜品作為重點推薦，它就是「酥皮蛋塔」。

為了追求完美的品質，我與劉師傅找來最少七、八款不同來源和產地的雞蛋試驗，也細緻地研究酥皮及烤箱的溫度，才達致最終所提供令人滿意，充滿濃香蛋味、酥皮鬆脆酥香的效果。

文華廳的座位少，我便利用文華廳的「小」作為賣點，點心菜單上酥皮蛋塔標榜「即叫即烤」，製作需時二十五分鐘，現烤的目的當然是讓客人能夠享用新鮮出爐和最高品質的蛋塔了。現烤雖然耗時，每次放入烤箱的數量也有限制，但正是由於文華廳比較「小」，客人的總數目不算多，即使需求量再多，在製作時間的安排和控制上仍然足以應付。其他容客量多的大餐廳是無法依樣處理的，因為烤箱的門在開始烤製之後便絕對不能打開及放入新的蛋塔，這種情況下，座位多的餐廳蛋塔需求量大時，客人要等候的時間會很長，增加烤箱的數量又不切實際。一般餐廳，通常做法是每次烤製一定數量，然後放入保溫櫃保溫，有客人點餐才取出奉客，這樣蛋塔的品質當然不能與現烤的相提並論。

改動菜單結構，配合貴客需要

當年初接任管理文華廳時，我觀察到部分住客或遊客對粵菜的認識，只來自外國唐人街唐餐館進餐經驗，在他們眼裏，中菜的代表大概就只是片皮鴨、春卷、咕嚕肉等菜式。

每星期總有一、兩次這樣的經驗：通常是兩位外籍人士一起到餐廳用餐，菜單也沒看上一眼，就是說要點片皮鴨、春卷和咕嚕肉這三個菜，餘下就交由服務生給他們介紹。以當時的菜單結構，片皮鴨最少的分量是半隻，菠蘿咕嚕肉及炸春卷也只有「例牌」供客人選擇，即是足夠供四人享用的分量。對於這對男女而言，三個菜的分量已經不少，服務生極其量只能介紹他們多點一碟清炒時菜，不然，肚皮再沒有空間吃下一個甜品了。

我也不只一次見過外籍夫婦以「西餐的形式」享用中菜。太太點了一客咕嚕肉，丈夫則點選一客燒臘拼盤及半隻片皮鴨，菜來了之後，只見他們把自己所點的菜放到自己面前，然後用刀叉各自享用自己所點的菜，不懂也不喜歡把菜放在餐桌中間來共享。又遇到不少外籍客人，差不多每一道菜，不論是點心、清蒸海鮮或是炒飯，也夾著XO醬來吃，整晚的菜式也只能嘗到XO醬的味道。

要把文華廳改造，配合不同國籍、不同文化、有不同需要的客人，便得把菜單的結構改變過來，讓所有人都能享用真正的粵菜！文華廳面積小，大部分是二至三人的餐桌，用餐的酒店房客也以一至兩人為單位的較多，所以我們把「單點菜單」（A la carte menu）其中部分的菜式，除了原有的「例牌」（四人分量）外，增加了「一半分量」的選項，又加入了一些「一人分量」的菜式；此外，再增添了適合一個人享用的「午餐／晚宴套餐」及包含文華廳招牌菜式的「廚師精選個人套餐」，務求令人數較少的客人，也能享用和品嘗相對較多款式的菜肴。

在服務方面，也加強了前線員工的訓練，為客人端上菜式時，向客人介紹菜式的享用方式和講解典故，加深客人對菜式的認識。例如，燒鵝配上的是甜酸醬、烤乳豬配海鮮醬，片皮鴨的食用方法、清蒸海鮮則應該欣賞海鮮自身的清香鮮甜的味道；以及在有需要時，適切地為客人說明中菜與西餐不同的用餐模式。

加強配酒服務，提高品質與選擇

中菜和茶是必然的配搭，文華廳的改革當然少不了調整加強配茶的組合，而外籍客人於進餐時喜歡配酒。有見於當時的文華廳紅、白酒選擇少而缺乏個性，因此加強這方面的配套：在文華廳設立了香檳餐車及紅、白酒餐車、提高配酒杯品質及提供更多高級杯裝酒的選擇，如Krug Champagne，文華廳是少數在香港能提供及銷售這級數杯裝香檳的餐廳之一。文華廳也與各大酒商合作，舉辦了大大小小的配酒晚宴，令員工對待酒的方式以及對配酒的興趣得以提高。

增強宣傳渠道，讓更多人認識文華廳

香港文華東方酒店，是其中一間在香港最先設立「電子傳媒經理」（e-Commerce Manager）這個職位的酒店。在酒店各餐廳包括文華廳舉辦各項客席廚師推廣活動或推出時令菜式時，除了傳統地發放新聞稿件、邀請各大報章雜誌媒體進行採訪、試食及報導外，也開始由電子傳媒經理額外邀請當時新興的美食部落客及餐飲界的關鍵意見領袖（KOL, Key Opinion Leader）試菜，為酒店及餐廳設立及開發如Facebook、Twitter、Instagram、微博等專頁，以不同渠道作宣傳平台，讓更多領域的人士對文華廳的美食和服務有更深和更新的認識。

一個成功的推廣，並不單靠產品自身的品質和吸引力，也要認清產品是否符合目標顧客的需要和口味，能抓緊產品獨特的賣點更是取勝的關鍵。

拉近廚師與客人的距離

昔日，在餐廳背後的廚房低調地為客人服務的中菜餐廳廚師，比較少像西菜主廚走到餐廳樓面跟客人交流的。為了拉近與客人的距離，多了引導李文星師傅走出了廚房，親自與餐客見面打招呼、增加互相交流的機會，並為客人講解菜式，對於客人來說，對每次餐飲體驗更為深刻更富立體感，也增強了對餐廳的親切感。除了客人方面，傳媒進行採訪時，多由大廚主導專訪，除把注意力放在菜式上，也加強傳媒及客人對廚師的認識。

整個文華廳廚房及服務團隊上下一心，經過一年多的改革及努力，文華廳終於在李文星師傅加入的同一年，即二〇一一年的年底，獲得「米其林美食指南」評審們的認同，摘下了一星餐廳的榮譽。自此，香港文華東方酒店，成為全球之中一所少數同時擁有三間米其林星級餐廳的酒店！

親身觀察養殖場環境設備，向蟹農直接了解養蟹程序，可以直接比較品質。圖中為「塘蟹」。

「成隆行蟹王府」推廣菜式 —— 清蒸大閘蟹。

我與文華廳的李文星師傅特地到太湖實地考察養蟹生態，了解「成隆行蟹王府」的大閘蟹養殖。

上海「成隆行蟹王府」餐廳歷史悠久，以烹調大閘蟹菜式而知名。

「成隆行蟹王府」的太湖基地，備有大量木箱將大閘蟹分類，把雌、雄蟹分開，及餵飼螺螄、鮮小魚，增加蟹肉鮮味。

Thomas Keller 特地為參與團隊的每一位員工訂製的 T 恤。

Thomas Keller 這位世界頂級的廚師曾為「文華扒房」任客席廚師。

Thomas Keller 在推廣活動完結後送上了他親筆簽名的著作《ad hoc at home》給筆者。

與 Thomas Keller 廚師團隊、文華扒房團隊及香港文華東方酒店管理團隊合照。

◀ 筆者的副業。為香港文華東方酒店拍攝酒店產品的官方照片。

▲
參觀位於蘇格蘭的 Famous Gouse 威士忌釀酒廠時，廠商為各團友訂製了專屬名稱的威士忌，給予筆者的“The Famous Sammy”！

▲
筆者招待入住文華的加拿大總理及其團隊，他們感到非常滿意。為表謝意，特送予筆者「加拿大楓葉徽號袖口鈕」作獎勵，尤感榮幸。

香港文華東方酒團隊慶祝酒店三所餐廳 —— 文華廳、文華扒房及 Pierre 法國餐廳均奪得米其林星級榮譽時留影。
▼

外場宴會服務，環境往往不及正式廚房理想，團隊的合作性是很重要的一環。

香港文華東方酒經常為各大國際品牌作外場到會宴會服務（Outside Catering）。圖為宴會營運總監 Joanne Cheng 作產品檢查。

Thomas Keller 推廣活動期間，服務團隊只能於晚宴結束後，於深夜一同吃晚餐。

香港文華東方酒店行政總廚 Uwe Opocensky 為外場宴會把關。

攝於上海大有軒餐廳，由左至右：上海成隆行蟹王府主理人柯偉、李文星師傅、「大有軒」主理人蔡昊（現「好酒好菜」主理人）及筆者。

在餐飲界有很高的聲譽與地位的「北京大董烤鴨店」總經理董振祥，「攝影」這個共同話題拉近了二人的距離。

推廣期間於文華廳與各人合照，由左至右：上海成隆行蟹王府主理人柯偉董事長、李文星師傅、名美食節目主持人黃麗梅、「好酒好菜」主理人蔡昊、蔡瀾、香港成隆行主理人蔡琦、筆者、上海成隆行蟹王府華鴻鋒師傅。

大董烤鴨推廣大成功！推廣完成後，以「鏞記」燒鵝肶慰勞文華廳各員工。

與李文星師傅、上海文華東方酒店中餐廳顧問盧懌明師傅及杭州四季酒店中菜團隊合照。

與香港文華東方酒店的傳奇 —— 行政副經理黎炳沛 Danny Lai 合照。

與李文星師傅合照於上海黃埔江。

攝於杭州的獅峰山，筆者現採優質龍井。

Pierre Restaurant 奪得米其林星級認定的晚上，以香檳慶祝。

CHAPTER 6

文華東方酒店集團華人餐飲總監第一人

怡東酒店開業四十年以來，都只聘用外籍人士出任「餐飲總監」這個職位；所以如果我接受這個任命的話，便會成為文華東方酒店集團有史以來華人餐飲總監的第一人。

文華廳取得一星榮譽後翌年，二〇一二年十月，香港文華東方酒店推薦我轉往酒店集團旗下位於香港島銅鑼灣區的香港怡東酒店（The Excelsior Hong Kong）當「餐飲總監」（Director of Food & Beverage）。

香港怡東酒店是文華東方酒店集團旗下全資擁有的酒店，是集團唯一的非五星級的酒店物業，集團的總部也位於怡東酒店之內。怡東酒店擁有八百多個房間及六所餐廳，是香港擁有酒店房間數目最多的五大酒店之一。怡東酒店開業四十年以來，都只聘用外籍人士出任「餐飲總監」這個職位；所以如果我接受這個任命的話，便會成為文華東方酒店集團有史以來華人餐飲總監的第一人。

記得最初跟怡東酒店人事總監會面時，被問到兩個問題。一是以往我一直在五星級酒店或全港最高級的會所工作，怡東酒店是文華東方酒店集團中唯一沒有掛上「文華扇子」品牌標記的酒店，會否有點在意？二是集團中常有人笑說，香港文華東方酒店房間有五百間，員工有八百人；怡東酒店則剛好相反，八百多房間，員工卻只有五百人，會否有信心適應及管理好一所定位完全不同，講求速度效率及成本效益的酒店？

記得年輕時，酒店堂皇華麗的形象令我有美好的憧憬，也對酒店這個行業產生了興趣，因此而報讀了酒店課程。畢業的時候，確實也是嚮往在五星級酒店工作，渴望成為一位成功的酒店從業員，感覺在最高級的酒店工作是成功的指標。在酒店飲食業已打滾了二十多年，因緣際會下大部分時間也在五星級酒店工作。在五星級酒店工作，特別是國際級的集團酒店，確是能遇上很多能擴闊個人國際視野的機會，豐富及增進與行業有關的各種知識經驗和閱歷。然而，早在加入馬會工作之後，發現高級會所的營運模式、人才管理、資源運用、市場策略，以致人際關係等各方面均與酒店有相異之處。即使同是餐飲行業，機構的定位、理念、方針、發展方向不同，公司的管理營運模式也因而改變配合。在不同的機構或甚至不同的國度工作，又或市場環境形勢改變了，處境改變了，作為管理階層，必須因時制宜。因此，不同的工作環境，都是不同的學習機會，每次接受新的任命，迎接每個挑戰，跨越每一個難關，自己也在不知不覺間不斷成長。

香港文華東方酒店吸引最多客人、賺取最多利潤的，並不是位處酒店頂層，Pierre 或文華廳兩所最高級的餐廳，而是一樓的咖啡室、文華餅店及快船廊（Clipper Lounge）。酒店裏設立不同的餐廳，有些主要是為了品牌定位，有些則是酒店的「bread and butter」，為酒店帶來人流與盈利，是其謀生之道。他們之間沒有哪個比較好，各有重要性，重點是要取得平衡。相對於文華東方酒店集團，怡東酒店就是酒店集團一台大型的利潤營造機器，它提供集團所需的「Bread and butter」。如何操作這台機器也是一門學問，一個新的學習機會，一次經驗的累積，這樣讓我成為一個多元的管理者，向事業階梯再踏進一步。

與怡東酒店的總經理會面後，他向我提出我的首要任務是改革「怡東軒」。當時，怡東軒曾在多年前暫停營業了三個月，進行了一場耗資過千萬港元的大型裝修，變得美輪美奐，但餐廳重開後的營業額比裝修之前反而減少了。總經理有見文華廳的改革成果，對我期望甚殷。

不久，我欣然接受這項重任，正式轉職到怡東酒店。

餐飲總監的角色：滿足顧客期望與人事管理

餐飲總監，是餐飲部的主管，每年必須擬定餐飲部的營運策略，向酒店經理（Hotel Manager）及總經理（General Manager）負責。怡東酒店的餐飲總監負責管理餐飲部旗下的六間餐廳及其他部門，包括廚房部、管事部、收貨部及宴會部，員工總數超過二百名，是人數最多的部門。怡東酒店的餐飲部也是客房銷售以外，酒店最大的收入來源。

在商業市場，酒店終極的營運目標是提升營業額及盈利收益、提高服務水準及客人滿意程度，這個當然也是餐飲總監的主要職責，此外還有負責部門的風險管理、衛生管理及餐飲部與「企業社會責任」相關聯的工作。在人事管理方面，餐飲總監也需致力提升下屬對工作的滿足感，提高員工對酒店的歸屬感、控制員工流失率。

熟識酒店及市場的產品，對飲食市場有敏銳的觸覺，制定強而有效的營銷策略，是對部門總監最基本的要求。令一個二百多人的部門在有限的資源下順暢地運作，要達至這個目標，需要策略性的安排、周詳的計畫、對下屬有清晰的指引、建立良好的溝通管道外，最重要的還是做好顧客的「期望」管理和「人」的管理。

管理五星級與四星級酒店的差異分野

怡東酒店的員工常拿員工與客房比例來說笑：「香港文華東方酒店由有員工八百、客房五百，怡東酒店則有員工五百、客房八百。」確實的數字，的確也相差不遠。這並不代表香港文華東方酒店管理不善，冗員眾多，也並不是怡東酒店為節省成本，犧牲服務品質。

五星級與四星級酒店，有不同的營運方式及服務流程和標準。因此，轉職怡東酒店，就是去學習不同的酒店及餐廳運作模式，以不同的資源設定，提供相應的優質服務。

當初入職香港文華東方酒店時的文華扒房，提供各式桌邊服務如凱薩沙拉、煙熏鮭魚等，這項服務需要最少兩位服務生，席前準備五至十分鐘才能奉客；即使不是桌邊服務的菜式，很多其他菜式的配菜及醬汁，也是由服務生端上主菜後，從客人的旁邊為客人添加於主菜上，以一桌四位的客人來算，主菜便常常需要兩至三位的服務生才能同時把食物全運送到客人席前，全隊服務生因此最少需要超過三十人，職級分類也分了九級。反觀怡東酒店的義大利餐廳Cammino，所招待顧客人數目只及文華扒房的三分之一，餐廳的大小亦只有四分之一，但整個團隊只有四人和一位時薪的臨時工，每天只編排三位服務員工上班。員工編排可以這麼少，原因是沒有桌邊服務，餐廳把午餐的前菜及甜品以自助型式提供，主菜部分全是連同配菜、醬汁一整盤的，簡單直接由廚房端出奉客，也不用服務生在端上主菜後從旁再添加醬汁與配菜，所以能夠把員工架構精簡而不影響服務效率。

又例如前堂部（Front Desk）的運作，香港文華東方酒店的標準程式，是每位入住來賓均由一位前堂部同事引領到房間，介紹房間設施及安排入住登記手續；怡東酒店則安排在酒店大堂前堂部作入往登記手續，因而怡東酒店的房間比香港文華東方酒店多出六成，前堂部的員工編制可以比較少。

香港文華東方酒店快船廊餐廳的自助餐所供應的霜淇淋，是由廚房部新鮮自家製造的；怡東酒店「一樓咖啡室」（Café on the 1st）的自助餐，所提供的霜淇淋則來自外購的國際名貴品牌產品，人手安排也因此省卻了點。

另一方面，「一樓咖啡室」增設自助飲品酒吧，令自助餐顧客可自由選製飲品，省下部分飲品製作的服務生人手。此外，由於「一樓咖啡室」開放的空間比較多，所以在兩個不同位置設置了領檯櫃位，也因為餐廳範圍比較大，其中一個領檯櫃位離開主要用餐區域的座位也比較遠，領檯員把客人帶到主要用餐區域的時間就相對比較長，為免讓客人久候，以往在早餐時段，這個領檯櫃位便需要分配了兩位領檯員，所以餐廳每天早上便需要編排三個領檯員之多。為改善工作效率，於是在這個位置較遠的領檯櫃位的顯眼位置放置了一個清晰的指示牌，引導客人前往位於主要用餐區域的正式領檯櫃位，改善領檯的效率之餘，減少客人於領檯櫃位等候領位

在五星級酒店工作，特別是國際級的集團酒店，確是能遇上很多能擴闊個人國際視野的機會，豐富及增進與行業有關的各種知識經驗和閱歷。

的機會，更可善用減省了的人手。

在怡東酒店工作的期間，下了不少工夫研究及改進人手效能，把餐廳的營業時間縮短是其中一項。近深夜時段餐廳的客人不多，將餐廳閉店的時間提前，服務生人手可以減省，廚師及管事部員工的午夜交通津貼費用也因此減少了。

另外，餐飲部增加了實習生的人數以代替效率較低、服務水準比較不穩定、以時薪計算的臨時工，人力效能得以改善。

成本檢討：ToTT's 重新市場定位

ToTT's and Roof Terrace 是位於怡東酒店頂層三十四樓、擁有維多利亞港美景的西餐廳，客人可選擇在室內或室外一面進餐，一面飽覽海港景色；此外，餐廳亦設有酒吧，除了西式美食之外，也是品嘗雞尾酒的好地方。

以往，餐廳設立了舞池供客人跳舞放鬆，並於晚上九點半後安排現場樂隊表演，在八、九〇年代，ToTT's and Roof Terrace（前身喚作 Talk of the Town）曾是客人與三五知己到來跳舞娛樂及暢飲雞尾酒的熱門地方。

在入職一段時間後，詳細觀察和分析了餐廳的營運模式、各類客人的消費模式及餐廳支出報表。當中餐廳提供現場樂隊的每月支出數目不少，但因為現場樂隊而光顧的客人，所消費的金額實質上卻不算太高，很多常客光顧的主要目的，是與朋友聊聊天、跳跳舞，他們大多在晚飯時段後才來，只惠顧一、兩杯飲品。至於消費比較高的，主要是那些來吃晚餐的客人，有部分是情侶，因為喜歡餐廳能飽覽維多利亞港的優美夜景，也享受餐廳的浪漫氣氛和情調，他們所需要的反而是優雅浪漫的音樂背景，所以，每當週末有現場樂隊開始演奏時，輕快的跳舞音樂便與他們的期望有所不同。

在平衡不同市場的需要及餐廳營運的效益後，我決定了把 ToTT's and Roof Terrace 的市場定位改變，取消了現場樂隊的安排，把焦點集中在餐廳的美景，致力改善美食及推廣可供中小型公司聚會的設施。在週末時段，推出了海鮮早午餐，令餐廳的定位更加明確清晰。

在餐廳市場定位改變後，因緣際會，曾成功拉攏著名的某名牌相機公司捨棄以往發布會的舉行地點，選擇了在 ToTT's and Roof Terrace 舉行其最新旗艦型號相機的發布會。有趣的是，自己忍不住也買下了那款最新型號的相機，相機的價錢比那次產品發布會的成本還高，我說笑相機公司真的沒有選錯地方呢。

用蛋塔改變客人對產品的認知，令銷售翻倍

在怡東酒店大堂的「咖啡吧」（Expresso），其中一項熱賣招牌產品是來自澳門的安德魯原味葡式蛋塔。這個澳門著名的葡式蛋塔是獲得安德魯餅店店主的授權，按照店主提供的配方製作出與安德魯餅店味道一模一樣美味的葡式蛋塔。亦在澳門店主兩家店鋪以外，亞洲地區唯一售賣安德魯葡式蛋塔的咖啡店。澳門安德魯餅店已跟怡東酒店合作多年，在引入初期更帶

來葡式蛋塔熱潮。由於怡東酒店的安德魯葡式蛋塔全是每天新鮮烤製的，每到出爐的時間，咖啡吧旁的電梯大堂及附近的酒店大堂位置便香氣四溢，不少住客及訪客聞到香氣後也因抗拒不了而買來品嘗。此外，也有不少「識途」本地顧客也喜歡買來跟家人或同事分享。

上任怡東酒店初期，曾與西餐主廚 Joseph 一同到澳門拜訪澳門安德魯餅店店主，參觀他們的餅店及製造工廠，了解產品的製作及餅店運作模式。參觀他們的總店期間發現他們在店的一角貼著數張客人訂購葡式蛋塔的訂單，購買單位以「盒」計算，有些訂單更寫明是送到澳門機場的。於是向店主詢問細節，方知他們那年頭因市場需求，調整了一個不用即時新鮮熱食，最長可保鮮一天的處理配方，可供客人離開澳門前買來作伴手禮。

聽罷馬上了解那特別的配方、訂購方式及配送安排的詳細資料，回港後也做出革命性的調整。於短期間製作了訂購表格、訂製合適的外帶包裝及調整製作形式，在咖啡吧旁的電梯大堂、客房及餐廳重點推廣宣傳；令酒店的住客及旅客把安德魯葡式蛋塔作為他們的伴手禮！

以往，想吃安德魯葡式蛋塔的客人，只限於一個一個的買下來在咖啡吧享用；自此，除了現場品嘗外，酒店的住客或其他旅客更可以購買一盒六個的盒裝葡式蛋塔作為伴手禮，帶回原居地送禮自用。至於本地客人，購買比較大量的葡式蛋塔也變得比較方便，多了選擇葡式蛋塔作為公司的迎新或離職小食。新的包裝和製作方法令銷售量增加不少，一年下來，葡式蛋塔的銷售量便超越往年的兩倍！這次經驗讓人明白到，將產品改革及調整定位，讓客人以不同角度重新認識產品，可以得到很不一樣的成效。

怡東軒的大變革及市場策略

改革中菜餐廳怡東軒是我加入怡東酒店前上司已經給我的首要任命。上任後，不能怠慢，馬上定下了一個深切的改造及市場定位計畫，分成了幾個階段展開。

1. 找出問題所在

首先，安排與怡東軒的正、副經理及正、副總廚見面，了解他們的背景、他們對怡東軒的看法及找出我可以提出協助的地方。其次從上任開始，每星期抽空在怡東軒的不同時段最少用餐四次，用意是了解菜式品質、服務水準以及觀察客人的反應。與此同時，也研究分析怡東軒的市場競爭對手，認識他們的環境、價格及食物品質的水準等。

經過一個多月的探討，發現怡東軒的環境及所有硬體，絕對占有優勢的。她可以容納最多二百人，而且擁有機能性與靈活性很高的私人包廂區間，包括可相連使用的五個包廂，可提供容納至少八至九桌、約九十六人的宴會需要。以餐廳的整體環境來看，在灣仔及銅鑼灣地區，怡東軒絕對是擁有最高尚格調的中菜餐廳之一。至於服務方面，餐廳前線員工的中菜經驗比較淺，但大部分員工的服務態度還是很正面的。問題是出自四個部分：

- **菜式水準及效率未符理想**

廚房部分菜式的設計並不適合怡東軒的目標市場，小炒菜式的水準不穩定。點心部師傅的造詣不錯，可惜欠缺適當的指引和方向，所以出品未能配合市場需要。廚房的效率及出菜速度也未如理想，以至經常讓客人久候。

- **菜式的定價不相符**

廚房裏有充足的魚缸設備，但提供的游水海鮮選擇卻非常有限。其中有些海鮮菜式是以冷凍的海鮮製作，以當時的餐廳菜式的定價來說，選用食材的品質有提升的空間。

- **市場的定位不夠清晰**

酒店把怡東軒重新設計時，以中環區當時米其林二、三星級中菜餐廳為定位的仿效對象及競爭目標，在銅鑼灣區的市場及客源來說，這樣的定價和目標實在有點太高，導致裝修前的長期顧客流失，對怡東軒的支持度及認授性都減低了；在餐廳裝修之後重開時，怡東軒調整了菜單的菜式及進取地提高了價錢，然而一年之內又把價錢調低了，令客人感覺怡東軒的定位舉棋不定，無所適從。

- **廚房及服務團隊欠缺相互理解的合作精神**

有豐富西餐廳經驗的餐廳經理B剛新上任怡東軒，由於中菜總廚比他熟悉中餐廳的運作，廚房及服務團隊之間形成了由中菜總廚主導餐廳的傾向。遇有客人向服務團隊反映對食物水準或上餐速度的意見，便出現資訊不能有效地傳達的情況，服務自然也不能有所改善。

對於以上的問題，曾與中菜總廚進行幾次詳細檢討，我也把解決的對策和要求明確闡述，總廚經過仔細考慮後，明白他的管理方式與技術水準，未能與怡東軒的發展方向及要求接軌磨合，最後在雙方的同意之下選擇離開了。

香港的粵菜市場競爭非常激烈，必須明白「不進則退」這個道理，要脫穎而出，便要配合市場的需要，大刀闊斧的改革也是必須的。

2. 邀請黃永強師傅加盟怡東酒店

中菜大廚一職快要懸空，馬上要盡快填補人手之際，想起了在香港文華東方酒店工作時早已合作的黃永強師傅。黃師傅是文華廳的副總廚，曾是彼此有相同理念的隊友。經過一連串聯繫和安排，最後徵得香港文華東方酒店及李文星師傅等方面的同意，黃永強師傅在幾個月後便正式加盟成為怡東酒店的中菜行政總廚（Executive Chinese Chef），為怡東軒改革多添一名猛將。

3. 市場分析，兵分三路

黃師傅加入後，很快便整頓了廚房的運作工序和流程，把菜單中不合適的菜式剔除，按照定下來的指引和路向加入新的菜式，調整了現有菜式的配方、用料分量、選材及製作流程，令廚房出品的水準品質有顯著的進步。廚房團隊與餐廳服務團隊的合作及溝通得以改善，整個團

不同的工作環境，都是不同的學習機會，每次接受新的任命，迎接每個挑戰，跨越每一個難關，自己也在不知不覺間不斷成長。

隊的士氣也在短時間之內增強不少。在黃師傅與整個怡東軒的團隊的鼎力合作下，再展開了下一步的計畫，就是全面性的市場推廣計畫！

怡東軒位處香港島的銅鑼灣區，跟位於中環區的文華廳不同之處，在於銅鑼灣是一個本地及遊客的購物區，商業性質客人比較少，顧客消費普遍較低。怡東軒可容納超過二百位客人，面積比文華廳大三倍！因此，怡東軒採取的市場推廣計畫，跟文華廳是兩碼子的事。怡東軒需要不同消費層面及性質的客人支援，才可以達到門庭若市的效果！

市場推廣計畫的重點有三項：

- 如何讓市場大眾重新認識怡東軒，並認同已改進了的菜式及服務水準？
- 如何製造吸引客人光顧怡東軒的理由？
- 如何引起各界傳媒採訪的興趣？

- **鑽研用心落本的菜式**

中餐的基本菜式之中，普遍受客人愛戴和點選、又有很多中菜餐廳喜愛選擇提供的菜式，大抵有十幾、二十道。如能從中找出一、兩道市面普遍受歡迎的菜式，加以用功鑽研，讓市場看見怡東軒特別認真及投入資金製作的一面，我認為是可以在市場造成迴響的。我把幾個建議提供給黃師傅，再由他研究出幾個招牌菜式，這是其中兩個代表菜式。

• 二十五年陳皮紅豆沙：我在市場找到了一家供應商，能夠穩定提供陳年了二十五年的廣東新會陳皮。便開始與黃師傅合力研究一碗製作非常認真的二十五年陳皮紅豆沙。一般再高級的中菜餐廳，只會採用陳年五至六年的陳皮製作紅豆沙，以價錢成本來說，五至六年的陳皮，價錢約是港幣五十至六十元一斤；但這二十五年陳皮，一斤的成本價便需要超過二千港元了！

選擇紅豆也下了一番功夫，找來不同產地來源及品種的紅豆，反覆嘗試，最後選定了日本產的十勝紅豆及混合有機紅豆作為配方。日本十勝紅豆，個頭大，質感好，甜得來味道清新；有機紅豆，顏色較深，紅豆味濃。

在烹製及調校成品的質感上很用心地鑽研。紅豆沙，之所以稱之為「沙」，是因為傳統上是把紅豆煮至像「泥沙」狀，有別於紅豆粥中紅豆仍處於粒狀未完全被煮開，還是豆與水分明的狀態；味道的平衡方面，並不是把成本高的陳皮放得愈多愈好的。陳皮的處理、放入及烹煮的時間，都能影響紅豆沙的味道，烹煮時間太久，苦澀味也可能一同被釋放出來。為取得一個陳皮味與紅豆味平衡的方程式，在處理陳皮時也經過很仔細地調整。其次，為了增加味覺上的複雜性，有層次地帶出陳皮的「果味」及陳年的「古味」來，最後的成品，是用上了八年、十二年及二十五年三個年份的陳皮混合起來而做成的版本！

當年怡東軒普通版陳皮紅豆沙售價為四十八港元，我們把這道二十五年陳皮紅豆沙訂價九十八港元；價錢雖然是倍增，其實，任何一間星級西餐廳所售賣的甜品，往往超過一百港元，五星級酒店的西餐廳甚至超過兩百港元，這個甜品用料的講究、製作認真的程度完全不遜於高價的西餐甜品，所以取價絕對是很公道的。

每天與黃師傅在選材、陳皮組合、紅豆與陳皮之間的平衡、甜度、質感等方面，不斷地調校和試味，來回做了七遍之後，始能把這道重點甜品放在菜單上，推出市面了。

二十五年陳皮紅豆沙推出初期，為先測試市場反應，並沒有急於宣傳。不同的客人有很不同的意見。有些人覺得，付出了比一般紅豆沙貴一倍的價錢，他們會期望吃到很濃厚的陳皮味道和很多的陳皮；但也有些客人認為，他們想吃的是紅豆沙，而不是陳皮糊，感覺陳皮太喧賓奪主；有些則吃不慣沙狀的紅豆沙，比較喜歡豆與水分明的紅豆粥。

聽過客人的意見，為了做出迎合大部分客人所喜歡的口味，我們再反覆調校試味，直到第十一次「九成沙一成豆」的版本，才達致我倆認定是最終的版本。黃師傅也苦笑著控訴道：「再試下去，我可要向公司要求爭取醫療賠償，醫治可能令我患上的糖尿病了！」

• 古法鹽焗雞：常有食肆，在菜單上打正旗號寫上「古法鹽焗雞」；但在飲食行內眾所周知，十居奇九的食肆也只是用省時、方便的現代方法，先用鹽水把雞浸至七成以至全熟，等到客人點菜之後，才把預先浸熟的雞敷上鹽巴，放入烤箱，把雞烤熟上色，其鹽味只能留於表面，肉質也不會嫩滑。

問黃師傅可有辦法及能力做出真正的「古法鹽焗雞」，黃師傅二話不說，找出他的名廚父親留下的廚藝祕笈，再加上他年輕時跟前輩所學的配方，便開始予以研究。

黃師傅所製作的「古法鹽焗雞」，是選用香港嘉道理農場研發的優質「泰安雞」，取其雞香肉質嫩滑，皮下脂肪適中。製法是，一天前把全雞宰好，再用玫瑰露酒、香料、薑、蔥、沙薑等把雞醃好及風乾一天備用。依據客人預訂的時間，用六至八層玉扣紙把雞包好，同時用鑊把粗鹽炒熱至攝氏二百二十度，熄火後再把雞放在鹽中焗熟。因為已關火，故每相隔十五分鐘，師傅便要把鹽再炒一次加熱，以保持高溫。如是者重複數次，花上四十五分鐘，雞才能熟透，方可以奉客。

最初的版本，依據配方製作，酒味過濃，肉質太腍，雞胸過熟，而翼下部位又過生，絕不理想，研製過程又是一翻折騰。最後的版本，玫瑰露所用的分量，只是原裝配方的六分之一，要鹽焗雞烤得均勻，在處理上真是花上不少心思及技巧。

「古法鹽焗雞」是一道以本傷人的招牌菜式，客人需要預訂，每天預先醃製最多三客，優先留給預訂客人，預訂數量不足三隻時，遇有客人即場點餐，客人也得等候四十五至五十分鐘，因為鹽焗雞在加熱過程需要占用一位廚師及一個爐頭足四十五至五十分鐘。雞隻需要每天新鮮醃製備用，萬一預先醃好的三客雞沒有全部賣出，剩下來的雞翌日也不能再用，當然也無奈地必須算到成本之內了。一般食肆絕對沒有這樣的資源、人力及地方去處理，所以就是古法失傳的原因吧！

怡東軒廚房面積大，鑊位爐頭有七個，所以能夠預留一個爐頭位置作古法鹽焗雞製作之用，其他食肆即使想不計成本模仿，在場地及人手上也未必能夠配合。黃師傅和我，除了憂慮有糖尿病外，也要留意腎臟會否出現問題！

・製造賣相造型突出，令人印象深刻的菜式

銅鑼灣是一個重要的旅遊消費區，客人相對較年輕和趕潮流，加上現在流行把新鮮的事物拍照放到網上分享，如果怡東軒能利用地區性優勢，設計一些造型特別的美點，對怡東軒的宣傳也許幫助不少。為此我在圖書館、書店及網上看資料找靈感，最後選定「金魚」這個題材。

跟點心主廚譚道明師傅商討，經他的用心研究及不凡的手藝，經過幾次調校，便已製成了非常精緻的金魚餃。後來，我向譚師傅提出了兩個建議：除以蝦做餡料外，多做一種素菜餡料，並把金魚餃的個子縮小，組成每位客人一對造型可愛的「雙生金魚餃」。然後，在一次的傳媒宴，我又萌生了一個念頭，把整桌人數的金魚餃放入鋪上荷葉的巨型點心蒸籠裏，造成荷塘的模樣，籠中放上荷花造型的裝飾，以製造魚兒在池塘遊走的意境，令造型更加吸睛。池塘造型的「雙生金魚餃」被端出來的時候，也果然成功搶了大家的眼球，全場爭相拍照，自此之後「雙生金魚餃」便成為了怡東軒招牌點心之一。絕大部分的客人看到金魚餃可愛的造型，都忍不住拍照上傳；後來，也漸漸看到其他食肆相繼仿效，推出各式各樣的金魚造型蒸餃。

・積極參與美食大賽，收穫豐盛

香港的飲食界每年都有不同類型的烹飪比賽舉行，當中以香港旅遊發展局主辦的「美食之最大賞」（Best of the Best Culinary Awards）最大型及最具代表性。「美食之最大賞」由二〇〇一年開始舉辦，宗旨是鼓勵香港廚師提升烹調技巧、注入創意及締造別具特色的頂級佳肴，藉此提升香港餐飲業界中菜水準，將香港的中菜推廣至世界各地。

「美食之最大賞」一般會定下四個組別的比賽主題，例如二〇一六年就分為蛋、豬肉、點心之腸粉及蟹這四組。比賽廣受業界歡迎，每一組烹飪比賽，往往有超過四十至五十位廚師參加，所以要從中脫穎而出，絕對不是一件易事。至於「至高榮譽金獎」，更只頒贈予表現最佳的一至兩位參賽者，是比賽中最高殊榮。

由二〇一四年管理怡東軒開始，我一直很鼓勵廚師們參加公開的廚藝比賽，除了能提升個人實力和創意外，一旦贏取了獎項，更能引起不同媒體、美食家的關注和報導，讓更多人認識怡東軒和各位大廚的手藝，收宣傳效用之餘，怡東軒的美食也可進一步被推廣開來，實在是三贏的局面。

三年之間，怡東軒在「美食之最大賞」比賽中一共贏得七個獎項，包括三個「至高榮譽金獎」、三個「金獎」及一個「銀獎」的佳績，是全港奪得最多的獎項的中菜餐廳。

我對其中兩個奪獎菜式的創作過程有比較深刻的印象。

• 二〇一五年至高榮譽金獎——綠萼紅梅鴛鴦菌：創作這道菜式只用了四天的時間。記得當年怡東軒已報了名參加「美食之最大賞」的其他組別，在比賽報名截止前五天，有食客在怡東軒品嘗了用松茸、牛肝菌及日本花菇做成的蒸包子「香煎野菌包」，放入蒸爐前，在包上撒上巧克力粉及野菌粉，包子蒸熟後因體積稍稍膨大，造出了天然紋理，看上去就像一顆日本花菇。這位客人覺得野菌包的概念、造型及味道均非常出眾，讚嘆不已，跟我說，如果以它參加點心

將產品改革及調整定位，讓客人以不同角度重新認識產品，可以得到很不一樣的成效。

或包點的美食比賽，一定很有勝算唷！就這樣因為客人的提議，激發了我們以這個菜式參加比賽的念頭。

當年「美食之最大賞」點心組並不是包點製作，但「蔬菜和菇菌」（Mushroom and Vegetables Dishes）是其中一個比賽組別，這個組別的參賽條件是八成以上的食材必須是蔬菜或菇菌。由於「香煎野菌包」的造型非常像一朵日本花菇，我立時想到用真正的花菇做配搭，以真假花菇互相輝映的概念作賽。當時，黃永強師傅正休假外遊，由於時間緊迫，只好馬上以電郵跟黃師傅聯絡商量，由黃師傅以他專業的判斷決定具體做法。最後，在一致同意下，篤定了以「花膠釀花菇」配「香煎野菌包」這個真假花菇結合而成的菜式。

雖然我不是廚師，也沒有煮菜的天分，但對於參加廚藝比賽，卻有一些觀察和心得。「美食之最大賞」參賽人數眾多，評判們要在一個多小時之內，品嘗多達四十至五十道同一主題、同一主要食材的菜式。參賽作品必須鶴立雞群，才能攫取評判注意力和歡心，除了廚藝了得之外，參賽作品如能配合其他重要的元素，例如突出的造型、貼切巧妙的名字及具有特別意義的創作背景和概念，必定能加深評判的印象和好感。

說到菜式的造型，中國人非常講求實際，傳統的中菜師傅比較著重色、香、味三方面，不太追求菜式的造型美感，以前常以胡蘿蔔等蔬果雕製龍鳳造型，或以麵粉製作成生果、看果等外形的做法已經過時，即使新派年輕的廚師也有比較進步的意念，但相對於西餐仍然有很大的進步空間。我是一名攝影愛好者，也從事西餐管理多年，所以希望自己對事物的一些觸覺和飲食經驗的範疇上，對師傅創作菜式有點幫助。

「釀花菇」和「野菌包」的顏色比較深沉樸素，最好加添一些鮮豔顏色作配襯。我從古詩詞典搜羅了好些形容顏色鮮豔的優雅用詞，最後認為以「綠萼」及「紅梅」兩詞最能襯托菌包花菇，黃師傅由此方向找來顏色與食味也相襯一絕的「開心果仁碎」及「炸鮮蟲草花」作為配菜，「綠萼紅梅鴛鴦菌」就成了菜式的點題了。

- 二〇一六年至高榮譽金獎——玉鱗魚躍逐金波：二〇一六年，怡東軒總廚饒壁臣師傅在「美食之最大賞」比賽中一共贏得兩個「至高榮譽金獎」的獎項，這道菜便是其中之一。

這個菜式的設計及靈感，來自在飛機上的一次交談。話說二〇一五年十月與饒壁臣師傅一同出差，代表香港文華東方酒店集團到英國的倫敦文華東方海德公園酒店協助招待習近平國家主席團隊。在回程的航班上，我與饒壁臣師傅談到北京大董先生的意境菜很出色，如有機會可遁這個方向構思菜式，說得起勁，二人還具體地口頭描畫起來。使用大型餐碟，以蒸好的蛋白作為湖水，以炒嫩蛋黃造成作小山，配上現有的金魚餃，便大致上可造成一幅山水畫了。回港半年多後，二〇一六年的「美食之最大賞」公布了其中一組賽事的主題是「蛋」，竟然與航機上的對談不謀而合，遂著饒師傅以飛機上的構思為基礎，具體落實執行，為出戰作好準備！

從食味及口感上，菜式刻意做出「對比」的效果。蛋白加入魚湯蒸至嫩滑僅熟，味清香優雅，色雪白皎潔；以炒鴨蛋黃配上蟹肉海膽，鴨蛋色澄黃鮮明，炒成瓊漿，蟹肉絲絲富有口感，三款食材味濃鮮，立體地放在蛋白之上化作兩座小山；不同形態的蛋，味道上做成對比，重食材原味。後來，還想出了在蒸蛋白上加上碧綠色的菠菜湯及高湯糟滷汁做成水波模樣；將用鯪魚肉做成，小巧玲瓏的金魚餃放於碧波中暢泳，小山旁放上羊肚菌作頑石點綴，一幅以蛋為主要材料的中國山水畫便活現眼前。

其實，在考慮菜名的時候，為了點題，也絞盡了腦汁。沒有什麼才情的我，唯有自比詩人賈島自嘲自娛一番：古有「鳥宿池邊樹，僧敲月下門」詩句，詩中「敲」字原為「推」，賈島二字選一，舉棋不定；我也在「耀金波」和「逐金波」之中二擇其一，沒有韓愈替我選，唯有自己決定了「逐金波」為菜名結尾，取其「逐」字較有動感。

這一年的比賽，大會增加了一個評分環節，進入決賽的廚師以一分鐘講解參賽菜式的構思，「玉鱗魚躍逐金波」能奪得「至高榮譽金獎」，不知道與我們創作背後的心思可有點關係？

與兩位廚師及怡東軒團隊並肩走出香港

在怡東軒與黃永強師傅及饒璧臣師傅合作的數年間，也曾有機會分別與兩位大廚走出香港的廚房，往外開展眼界。

參與雲南野菌及宣威火腿考察團

二〇一四年八月，我與黃永強師傅有幸一同獲邀參與一個考察團，到中國雲南了解當地出產的優質野菌及宣威火腿。這個考察團是由在香港專營野生食用菌的供應商「菁雲」所策畫和安排的。隨團的除了「菁雲」的主理人Winnie和Nelson外，還有香港新城電台美食節目的主持人、美食家及各大中西名廚，包括米其林三星餐廳的名廚Umberto Bombana。

雲南被稱為「菇菌王國」，據報導，其食用菌的出口總值占全世界出口總值的一半以上，其中可供食用的野菌超過八百種。每年七至八月尾乃雲南野菌豐收時期，農民在這段期間於海拔一千五百至四千公尺或以上的雲南山區採摘野菌。各類野菌的身價，取決於「物以罕為貴」定律，愈難採摘，產量愈少，身價便愈高。

考察團一眾飛抵雲南昆明市之後，旋即驅車一個小時走往雲南西面的楚雄市，再緩緩地沿山路往上駛至山林深處尋菌。

專業的菌農，是以三萬元人民幣承包了那整座山一年的野菌收成，菌農們因此在收成期必定傾盡全力搜索野菌，他們經驗豐富，花沒多久的時間便能採摘到一小竹筐菌。我們在現場也有不錯的收穫，除松茸外，找到不同品種的野菌，包括虎掌菌、牛肝菌等，而有些更是被囑咐要小心的有毒野菌，所以不認識的，不能亂採！

參觀過雲南野菌的採集及處理後，考察團一眾從昆明市驅車到達宣威市，親睹享負盛名的宣威火腿的生產過程及品質管理。宣威位於雲南省昆明市東北方約二百五十公里，其出產的雲南宣威火腿，乃中國三大名火腿之一，除宣威火腿之外，還有浙江省的金華火腿及江蘇如皋火腿，當中又以宣威和金華火腿較有名。

火腿在中國的食用歷史悠久，有史料考究，火腿始於唐盛於宋，迄今已超過一千年歷史之久。中國三大名火腿，分別為金華火腿、如皋火腿及宣威火腿。

金華火腿是於立冬至立春之間，只用稱為「兩頭烏」的金華豬的豬後腿，經鹽醃、曬製、風乾等等工序製成的火腿，需時約一年左右。有「南腿」之稱的金華火腿南宋時被列為貢品，它皮薄骨架細，脂肪豐腴，口味甘香。

如皋火腿的生產始於西元一八五一年（清朝咸豐初年），如皋位處中國北部，故又被稱為「北腿」。如皋火腿選用如皋、海安一帶飼養的優種生豬，特點是頭尖腳細、皮薄肉嫩。如皋火腿形狀看上去像樂器琵琶，色澤偏紅。

宣威火腿亦稱「雲腿」，選用雲南皮薄肉厚肥瘦適中的特種「烏金豬」，此豬產於烏蒙山區金沙江畔，所以有稱為「烏蒙豬」或「烏金豬」。將後腿切割成琵琶形狀，瘦肉色澤嫣紅鮮豔，肥肉則呈乳白色，橫切面紅白分明，香氣濃郁。

行程中，到訪了宣威火腿種養原料基地作考察。所參觀的原料基地，是中國農業產業化省級重點龍頭企業，也是「釣魚台國賓館」指定的火腿供應單位。工場占地八萬平方公尺，由雲南農業大學規畫設計，年產超過三千六百噸宣威火腿。主要規畫包括放養、育肥、幼豬保育、配種、火腿加工、儲存發酵等場地。工場更建造了人工湖及生態保護區，為養殖提供更優質養殖生態環境。

工作人員一面帶領我們參觀了烏金豬養殖場、風乾火腿的存儲發酵場、上游生態保護區、人工湖、放養場等，一面為我們講解了宣威火腿的製作過程。風乾火腿用的存儲發酵場，以天然方式風乾數以萬計的火腿。火腿製作過程繁複，包括了取腿醃肉、擠乾血水、搓鹽、鹽水醃製、燻乾和風乾。最後，將火腿放置在乾燥、通風及低溫的存儲發酵場，晾曬風乾一年至三年。風乾時間如果愈長，風味愈佳。

與黃永強師傅參與此次雲南之旅後，除增進對雲南野菌及宣威火腿的認識外，也從這次旅程得到啟發，回港後創作了「香煎野菌包」和後來的得獎作品「綠萼紅梅鴛鴦菌」。

接待習近平主席及英國皇室成員

二〇一五年十月，中國國家主席習近平及夫人彭麗媛往英國倫敦進行國事訪問。一般人從電視上通常只能看到幾位重要大人物的報導。其實鮮為人知的是，習主席的團隊為數超過二百人，在倫敦的數天，把倫敦文華東方海德公園酒店二百多個房間及所有餐廳全部預留下來。五天訪英期間的膳食，全由倫敦文華東方海德公園酒店提供，中方的要求是「符合中國人口味的膳食」。由於酒店本身沒有中菜餐廳，當然也沒有中菜廚師。因此，我的任務正是要率領兩位中廚，於習主席訪英前兩星期，從香港飛到倫敦，到酒店安排及準備所需的一切，以提供足夠二百人享用的早、午、晚自助餐，高級陪團官員（稱作「高陪」）的早、午、晚餐，以及酒店內提供習主席及夫人的膳食。

接到重任，馬上布陣。我帶同怡東軒的總廚饒璧臣師傅，和香港文華東方酒店快船廊的吳疆師傅，一同出發。

但在籌備出發前，其中一個不可或缺的準備，就是向我的恩師黎炳沛先生（Mr. Danny

香港的粵菜市場競爭非常激烈，必須明白「不進則退」這個道理，要脫穎而出，便要配合市場的需要，大刀闊斧的改革也是必須的。

Lai）取經。Danny 是香港文華東方酒店的行政副經理，長袖善舞，是人所共知「酒店優質服務及卓越客戶關係」的金牌 icon。他自一九七二年加入香港文華東方酒店，從基層做起，酒店各大小部門也幾乎全部有他的足跡。很多國家政要、觀賞名流如英國前首相柴契爾夫人、香港四任港督及兩任特首也曾是他的座上客，他早已被視為酒店界的一個傳奇。二〇〇七年，Danny 曾出版了《贏盡客人心》一書，分享他的待客之道及酒店經歷。一九九八至一九九九年間，兩位前國家中央領導人朱鎔基及江澤民，先後到英國作官式訪問及下榻倫敦海德公園文華東方酒店，也是由 Danny 出任文華大使（Mandarin Ambassador），遠赴倫敦專責照顧二人的起居及飲食。

抵達倫敦後，排山倒海的工作已等著我們。白天到訪各大供應商，安排中菜食材及煮食器具；到唐人街搜羅各式食材醬汁、擺設用具；與駐英中國大使館大員，了解行程安排及各大臣飲食需要；試食各款食品樣本，因應當地的西式廚房設備，決定各款食品最佳煮食方式。

晚上也不怠惰，安排吳師傅跟廚房團隊通宵工作，以準備每天早上開始供應的二百人中式自助早餐；但論最提心吊膽的，要數每天早上六點前，要從唐人街買到新鮮油條。要知道，這等於要找商家早上五點前製作及運送！我們拜訪整條唐人街十多戶商家，再經在地人物介紹，厚臉皮懇求，高薪利誘，加上押上兩國領導人國事的面子下，最後才找得到肯提早動工運送的合作商家，真是捏了一把汗。

活動當天，英國王儲查爾斯王子及夫人到訪酒店，與習主席及夫人會面茶聚。其後，亦安排了御林軍用皇室馬車，從酒店接載習主席及夫人入住白金漢宮。

這時，場外，被各國「狗仔隊」包圍；場內，我被三款不同的獵犬「體檢」。兩國保安極其嚴謹，在由最初預定的十多人服務團隊，減少至只容許我及一位有侍奉英國皇室成員經驗的酒店經理留在現場，其他所有人員均被英方特工及中方特工勸喻離場。

期間，皇室與中方禮儀大臣，對雙方會面的流程及安排進行講解，對在場國際傳媒的拍攝採訪，亦有訓示及指導，對於我倆向兩國領導提供茶點時的流程及規條，均有有條不紊、鉅細無遺地闡述：例如運作流程是以「秒」為單位，叮囑記者們有十五秒的拍攝時間，領導們會從左到右望向各傳媒；習主席與夫人先進場，禮節安排上，英國王儲查爾斯王子未進場座下前，各傳媒不能拍攝「只有一方領導人在場」的照片等等。我們倆有幸有約三十秒的服務時段。對我而言，這確實是一個難能可貴的機會及非常寶貴的經驗。

至於習主席與夫人的飲食菜單恕不能公開，但可透露的是，他們吃的都是清淡、合時、新鮮但不是光追求名貴的養生食材。幸好，習主席很享受我們及中方御廚們為他安排的食材及菜品，也很欣賞酒店提供給他品嘗的傳統英國炸魚薯條。

回想這次旅程，能招待兩國元首，當然獲益良多，但同時有機會品嘗酒店內米其林推介的Bar Boulud及二星餐廳 Dinner by Heston Blumenthal，又能抽時間做到自己喜歡的拍攝活動，雖然壓力大、時間緊迫，卻是不枉此行。

能獲得這次難能可貴的工作經驗，當然非常感謝公司給予機會和對自己的信賴，這次工作得以順利完成，背後還有賴很多同事、朋友的支持和配合，包括了 Danny Lai 傳授經驗及照顧、倫敦海德公園文華東方酒店總經理及團隊、饒師傅和吳師傅全力付出，表現出色，最後不能不提的是曾在英國生活多年、香港人氣美食旅遊寫作人、專欄作家及市場推廣顧問 Dorothy Ma，她為我提供了很多寶貴的在地資訊及唐人街各方聯絡資料。

回港以後，與饒師傅和吳師傅說笑，如當初不能入境，作為香港代表的我們搞不好要丟臉於兩國元首級人物面前，可能要避走其他地方。想不到事隔一年之後，我真的轉戰台灣，命運的安排，真的微妙！

加入怡東酒店，接受改革怡東軒的任命，幸運地遇上了有相同理念及目標的團隊成員，是一次難得的商業改革經驗。於改革的兩年半間，怡東軒的每月平均營業額增加了超過百分之五十，每月的平均盈利更增長了超過百分之八十。取得這樣傲人的業績，怡東軒的廚房及服務團隊同仁，每一位付出過努力的同事都絕對是功不可沒的。

筆者攝於雲南宣威火腿廠的儲存發酵場，不說以為身處於義大利！

香港野菌供應名店「菁雲」舉辦雲南野菌及宣威火腿考察團。筆者與香港米其林三星義大利餐廳 Otto e Mezzo 的總廚 Bombana 一起手持剛剛採摘得到的野生松茸菌。

雲南野菌及宣威火腿考察團的一眾團友，手持採摘得到的戰利品！

為私人飛機公司的服務團隊提供食品衞生管理、航空餐點擺設、餐飲知識等訓練課程。攝於私人飛機上。

筆者與 Nikon 香港市場及營業部總經理尹先生合照。攝於 Nikon 在怡東酒店的 ToTT's 西餐廳舉行的產品發布會上。

跟怡東軒團隊創作「雙生金魚餃」、「古法鹽焗雞」、「二十五年陳皮紅豆沙」、「珊瑚白玉球」等招牌及獲獎菜式。

怡東酒店中菜行政總廚黃永強參與香港旅遊發展局舉辦的「美食之最大賞」，奪得最高榮譽的「至高榮譽金獎」。由香港特區行政長官林鄭月娥頒發獎狀給予黃師傅及筆者。

旅遊飲食家陳俊偉，邀請筆者及怡東酒店傳訊總監 Wendy Lee 到其主持的電台節目「來自星星美食」作受訪嘉賓。

中國國家主席訪英期間，通往白金漢宮的大道上掛滿兩國國旗。

訪英三人團隊：香港文華東方酒店快船廊的吳疆師傅（左），筆者（中）及怡東酒店怡東軒的饒壁臣師傅（右二）。

中國國家主席習近平及夫人彭麗媛於倫敦進行國事訪問，為此文華東方酒店集團派出筆者，帶領兩位中菜廚師到文華倫敦海德公園酒店領導製作二百多人的中式膳食。此段期間酒店正門掛著英國、中國、香港及文華東方酒店集團的旗幟。

香港野菌供應名店「菁雲」兩位主理人 Winnie Wong 及 Nelson Wong，與筆者及眾香港名廚於怡東軒相聚作宴。

有幸招待到訪怡東軒的怡和集團主席 Sir Henry Keswick 伉儷及怡和集團董事 Lord Sassoon 伉儷。文華酒店集團是怡和集團旗下全資擁有的其中一家上市公司，根據 2017 年怡和集團年報顯示，文華酒店集團的全年營利只占怡和集團全年營利的 2%。

怡東酒店餐飲部四員：副餐飲總監 Leo Lai（蝙蝠俠），副餐飲總監 Andy Wong（鋼鐵人），餐飲部行政祕書 Christy Lau（貓女）及筆者（美國隊長）！

PART

3

調職海外，開拓新市場

離開熟悉的夥伴與環境，
直面新的挑戰，
每一次都是非常寶貴的學習過程和經驗。

CHAPTER 7

調任台北文華東方酒店，轉戰海外

很感謝太太最終還是追隨了我的選擇和意願，讓我可以安心地接受了這項挑戰，繼日本留學之後一起經歷另一次的海外生活體驗。

我從二〇一二年開始加入香港怡東酒店總經理施俊賢（Michael Ziemer）領導的團隊，至二〇一六年初，Mr. Ziemer從香港怡東酒店轉職往台北，出任台北文華東方酒店總經理，三個月後，收到Mr. Ziemer傳來的訊息，詢問我是否有興趣再次加入他的團隊，成為台北文華東方酒店的餐飲總監。由於時間緊急，他只給予我三天的時間考慮……

於公於私，這也不是一個容易做的決定。工作方面，經過一番努力，香港怡東酒店的餐飲業務已經上了軌道，並正處於收成時期之餘，更不捨很多合作愉快的同事夥伴；家庭方面，太太需要考慮辭去非常穩定的工作及離開她的家人到台北生活，還有新來我們家且性格非常害羞的小貓咪，才剛適應了新居的生活，又要重新適應環境的改變等等，各方面都需要經過一番掙扎和平衡。考慮到酒店簇新的硬體、市場的定位及其發展的潛力，對豐富自己在餐飲事業上的經驗、擴闊個人視野、了解台灣的餐飲生活文化等都有很正面的幫助。很感謝太太最終還是追隨了我的選擇和意願，讓我可以安心地接受了這項挑戰，繼日本留學之後一起經歷另一次的海外生活體驗。三個月後，我率先獨自啟程赴任台北。

造價達台幣二百五十億元，興建了九年，於二〇一四年五月落成的台北文華東方酒店，坐落於綠蔭盎然的台北市商業中心的敦化北路上，是一間超水準的五星級豪華酒店。酒店擁有二百五十六間客房與四十七間套房，客房至少十七坪（五十五平方公尺）起，其中，氣派不凡的總統套房及文華套房各占地約一百一十四坪（三百七十六平方公尺）及九十八坪（三百二十平方公尺），備有專屬的Spa與健身空間，提供全台北市最寬敞舒適的住宿空間，讓賓客享有極致奢華的尊寵與舒適。

由餐飲總監管理的餐廳和酒吧共有七所，包括由國際知名設計大師季裕棠設計的三所風格截然不同的餐廳。「Café Un Deux Trois」是現代時尚的咖啡廳，提供了一系列寰宇佳肴及早午自助餐；備有數間包廂的「雅閣」提供以粵菜為主的傳統高級中菜；「Bencotto」義式餐廳則是透過開放式廚房，讓賓客享受道地義式家傳風味佳肴。

除了以上三所餐廳外，還有「文華餅房」，提供琳瑯繽紛的歐式西點、蛋糕與手工巧克力糕點；「M.O. Bar」提供多樣化的調酒與香檳；位於酒店大廳旁的「青隅」（The Jade Lounge）則是享用精緻下午茶點的最佳去處；還有提供住房客人餐務的客房餐飲部（In Room Dining）。

此外，酒店還擁有完善的宴會及會議場地，大宴會廳挑高七點三公尺，可容納多達六十八桌約六百八十位賓客；文華廳可容納約三十二桌約三百二十位賓客；而五間東方廳則可隨賓客需求調整場地大小，容納約十至一百位賓客。

除了氣派非凡的宴會場地外，專為舉辦婚禮儀式設計的文華閣擁有挑高圓頂造型、絕佳的自然採光以及華麗浪漫的雕花牆面；而文華閣旁的歐式風格花園並可供賓客舉辦雞尾酒會，為在此舉行婚宴的新人們造獨幟一格的完美婚宴。

台北華文東方酒店外觀為巍峨壯麗的歐式建築，飯店內擺設超過一千七百件原創藝術品，種類橫跨古董、畫作及雕塑等等。

新舊酒店管理不同

文華東方酒店在香港的歷史悠久，在海外及香港本地市場均是廣為人知的高級酒店品牌。然而，台北的文華東方酒店是該集團在台灣的第一所酒店，國際上的認知雖然高，但台灣的民眾及新聘用的本地員工，大部分對其品牌理念、酒店集團訂立的服務水準、企業文化、產品質素及其形象特色並沒有全面的認識及掌握。因此，如何讓新聘用員工的服務水準及其設計或製造的相關產品「文華化」，如何讓台灣本土市場清楚認識「文華東方」這個品牌，都是管理新酒店重要的一環，也是與管理舊酒店不同的地方。

香港文華東方酒店擁有五十多年的歷史，怡東酒店也有四十多年歷史，任職時很多酒店員工的資歷比我深，他們非常了解酒店的運作模式及服務宗旨，對自己範疇的工作瞭如指掌，各部門同事之間很有默契，處事協調上也得心應手。另一方面，也正因為有很多員工在自己的工作崗位有很長的日子，又或從最基層升任到管理層的，對自己及下屬的工作有相當深的了解，即使某個職級的員工突然從缺時，他們也能妥善分工，將缺口撫順；資深的員工汲取了上司處理突發事情的經驗，他們的應變能力及判斷力也相對比較高，遇有突發事情或個別客人突然有特殊的要求時，不需要事事請示上司的意見行事，每每能獨立地把事情處理妥當，再向上級報告。也有些員工具超卓的處事能力、豐富經驗及專業知識，能勝任更上一級的職責，只是他們只求工作穩定，而不選擇晉升至職級更高但壓力也較大的工作。因此，酒店整體員工的流失率不高，常常維持於單位數字，保持在百分之十以下。

新開的酒店，需要在同一時間聘請整體酒店營運所需的「新員工」，當中占大量的是剛畢業的新手，其次是其他同業精英。大部分員工對集團的文化缺乏認識，因此，必須花上時間培育及調校。集團雖然有從其他姊妹酒店中調派一些資深員工作為「文化大使」，協助灌輸「文華」文化及標準，但在新人遠多於舊人的情況下，要所有員工在短時間內認識文華東方酒店的DNA，是有相當難度的。

員工磨合：來自各大門派的督導及經理級員工

台北文華東方酒店與香港文華東方酒店及怡東酒店其中一個不同之處，就是前者是一所剛開業只有兩年多的酒店，員工在該酒店的資歷不深，部長級或領導人員均是聘請自曾在其他飯店工作的台灣員工，他們有其他酒店集團的工作經驗或受過訓練，所以對服務標準及管理方式可能有不同的認識，加入台北文華東方酒店後，也得花上時間精力加以理解文華東方酒店集團的服務與待客理念、管理模式和營運流程等。

員工輔導：來自學校的前線員工

台灣有多達三十所大學提供酒店、旅遊業或服務業課程，大學每年派出不少學生到酒店實習，也有很多畢業學生投身酒店工作。台北文華東方酒店作為台灣最高級的國際酒店之一，自然也吸引各所大學的專才加入成為前線員工的一份子。

這些大學生與一些經驗尚淺的前線員工，擁有不錯的學歷、滿腔熱忱和年輕活力；唯欠缺的是經驗，他們需要在職的指導訓練、累積實戰經驗及培養靈活圓滑的說話技巧。欠缺經驗的實習生或畢業生，表現起來也沒有信心，遇到客人有特別要求或突發事情，往往顯得比較猶豫，不能當機立斷，不敢妄下判斷，大多趨向尋求上司的指示；遇有不同上司給予不同的建議或處理方法，這樣便會影響團隊處理事情的統一性及員工獨立判斷的信心，甚而影響服務效率和損害了客人的服務體驗。然而，當大家也只懂依循酒店官方訂定的服務標準和指引，欠缺獨立的思考判斷和處事彈性的話，與客人應對時，表現或變得流於公式化、機械化，欠缺靈活性和人性。曾有客人遇到小意外，只輕微地擦傷了，員工只知按照指引，詢問客人是否需要送醫院治療檢查，這就是欠缺常識與應對經驗的原因。其實，比較合理的做法是迅速送上膠布，向客人予以慰問。

在台灣市場設立文華東方標準

新成立的酒店，原則上需有一套服務標準處理客人的訴求；但對以人為本的服務行業來

對以人為本的服務行業來說，擁有靈活變通的頭腦、基本常識、彈性處事手法是非常重要的。

說，擁有靈活變通的頭腦、基本常識、彈性處事手法是非常重要的。也是對於長期擁戴文華東方酒店系列的顧客們，入住台北文華東方酒店這所新酒店時所抱有的期望。另一方面，向多數還未完全認識文華東方酒店這品牌的台灣顧客展示文華東方酒店的服務精神和水準，也是每一位員工的使命。

台北文華東方酒店在台北的市場地位上，跟香港的情況有所不同。曾任職的香港文華東方酒店有不少直接的競爭對手如：四季酒店（Four Seasons Hotel Hong Kong）、半島酒店（The Peninsula Hong Kong）、港島香格里拉酒店（Island Shangri-la Hong Kong）、麗思卡爾頓酒店（The Ritz-Carlton Hong Kong）、香港君悅酒店（Grand Hyatt Hong Kong）等同等級數的五星級酒店；反觀台北，並沒有這些品牌酒店作為直接的競爭對手，比較相近的，是台北君悅酒店（Grand Hyatt Taipei），但它也已經有二十多年歷史，在硬體配套上都不算新，「香格里拉酒店」集團的酒店只有台北遠東國際大飯店（Shangri-La's Far Eastern Plaza Hotel, Taipei），國際品牌麗晶酒店（Regent Hotels & Resorts）在台北中文名字改為晶華酒店（Regent Taipei），也與遠東飯店一樣變得比較當地語系化。因此，台北文華東方酒店的出現，傳播媒體及整體市場也視她為市場上第一所超五星級或六星級酒店，認為她的硬體（建築物及其裝修）及軟體（服務）上的品質也比其他台灣的酒店略勝一籌。從其他酒店轉職過來的員工，也深明客人對酒店的期待比其他酒店為高，也得花時間理解和摸索客人所期待的服務標準，從而加以改善。

入職初時，對於客人所提出的訴求，前線員工認為，為客人做得愈多，令客人滿意的機會愈大，免於被投訴的安全指數也是愈高的，因此大多比較偏向「寬鬆地」滿足客人的訴求。例如：客人說套餐的其中一道菜口味比較鹹了一點，前線員工於是免除了整個套餐的收費。這樣的做法，客人大都「樂意接受」，但在服務管理的立場來說，這並不是一個最好的方案。一來，這樣容易讓客人有不必要的期望，產生對產品或服務不滿就能得到免費服務的錯覺；二來，這樣的處理幫助不了酒店進行檢討作出改善。再者，酒店最終也是一個商業機構，從營運中收取不到一個合理收益的話，便沒有足夠資源繼續不斷提供優質的服務及產品。

香港與台灣的宴席文化

離開了自小長大的地方香港，來到台北這個新的工作環境，我常保持著一個學習及開放的態度，凡事不要太早定論，因為有時候一些固有的認知和邏輯在香港是常識，但在台北可能是不管用的。

尤記得初到台北文華東方酒店的第一個星期，在批閱中式宴席菜單時，看到有一客宴席的菜單提案，在宴席菜單的初段及尾段皆寫著一道湯，我在香港從事酒店工作二十多年，從沒見過於一個宴席菜單提供兩道湯品，心想這種「錯處」著實是不多見，於是半信半疑地向廚師提問。原來，台灣的傳統宴席菜單確實是有這樣的安排，確是長了知識。

從宴會部觀察所見，台灣的婚宴安排跟香港也有些顯著不同的地方。

台灣的婚宴一般在傍晚六時開始入席，大約在九點至九點半左右完結，客人開始離開。

所謂入席，是指服務生開始把宴席的前菜，一般是六小碟或八小碟，放於圓桌中央的轉盤上。這個時候，即使其他賓客還沒到齊或宴會還未進行開場儀式，在席的賓客也徐徐地開始用餐；其後於約晚上七點左右，宴會司儀才開始主持開場式，介紹一對新人上台。

在香港，婚宴舉行的流程就很不一樣，在司儀還沒有宣布用餐時間開始之前，服務生是不會送上菜肴，也沒有賓客會開始用餐的。香港的婚宴一般在晚上八點入席，如有八成以上賓客已經到場，已是不錯的了。早年的婚宴更要等到八點半甚至九點以後才開始，原因是，在香港不能準時下班的情況實在太普遍。香港的婚宴大多先由司儀介紹一對新人相識的經過，近十多年也流行播放錄像，與賓客分享新人的童年和交往時候的照片、結婚當天的情況等；近年由於可以聘用律師即場主持結婚儀式，也有新人樂意把結婚的簽署儀式帶到婚宴上進行，讓更多的親友能現場見證。所以每每不到八點半，絕少能夠開始上宴會的第一道菜，婚宴一般也會至十一點才能完結。

在我眼中，台灣還有一個有趣的「打包文化」。

在婚宴或其他宴席中，見過不少次這樣的情況。當吃到第三、四道菜時，便已開始有數十人的賓客要求服務生把自己的菜品逐一打包外帶。例如：將每位賓客分配得的半隻高湯焗龍蝦、幾隻燒鵝等等打包，各自帶走。在香港，正常情況下，賓客都在現場把大部分的菜肴食用完畢；飯麵菜式通常是最後才來，遇有賓客已經太飽，剩下來的分量又太多時，始有人提議打包外帶以免浪費。席上賓客多禮貌地互相推讓，最終多由一至兩位賓客帶走，由席上十二人每位平均分配打包外帶的情況比較少見。

另外，在香港，客人在酒店享用英式下午茶套餐，若小點最後吃不完，剩下了三數件的時候，比較少要求打包外帶；而在台灣，從文華東方酒店的觀察所見，即使只剩下一小件小點，要求服務生將小點打包外帶的情況也有不少呢。

也有一次光顧在台北一〇一大樓的 S.T.A.Y. 法式餐廳（現已歇業），服務生在收取麵包籃時，問我們需不需要把吃剩的麵包包起來外帶，當時不好意思麻煩他們，便說不用了。到用餐完畢離開餐廳時，接待員把一袋包好的麵包放在餐廳入口處，跟我們說是送給我們的。原來，餐廳慣常會在下午才為晚上光顧的客人烤製麵包，確保新鮮，而把當天早上烤製、中午以後剩下來的麵包送給來午餐的客人，以免浪費。

不同國家有不同的餐飲文化，在珍惜食物及環保的角度來看，打包也是一種美德。

社會制度與管理形式

在香港，酒店基層員工的薪資，一般比較台灣相同職位員工的薪資為高，然而，現時香港法定勞工假期福利則比起台灣為低。

香港政府規定每星期上班工時最多為四十八小時，即每星期工作六天，每天八小時。假期方面，規定雇員每月最少享有四天例假，每年最少享有七天的有薪假期及十二天的勞工假期。超時工作方面，一般是以一比一作為加班津貼，而大部分主管級或以上的雇員加班均不獲發加班津貼。近年，香港部分酒店開始改善員工的福利，例假增至每月五或六天，也有很少數的酒店提供每星期兩天例假，又或給予管理層及寫字樓員工較多的例假及有薪假期；但規模比較小的酒店或大部分獨立經營的餐廳，仍然只會安排勞工法例規定的最低福利，即每月提供四天例假及每年七天有薪假期。

二〇一六年八月來台赴任時，得知台灣政府規定所有階層的員工也能享有每星期兩天的例假，如員工需要超時工作，公司要發放的超時工資，並不是以一比一計算，而是超時工作愈長，超時工資比例愈多。到二〇一六年底，政府更推出了「一例一休」的新勞工法例，員工加班或於假期時工作的超時補薪，比以往大幅增加了。除工資成本計算不同外，排班上也需要符合一些勞工法例的規定，例如不能編排員工連續工作超過六天，兩天工作之間的休息時間不能少於十一小時等。

在新的勞工法例推出後，不少服務業也在人手安排上作出相應調整，減少因新條例而衍生的人力成本上漲造成的影響。有便利店或百貨公司等，雇主為免支付員工在國定假期出勤所要付出的龐大加班費用，更索性在一些國定假期閉店休息！

然而，酒店的運作有所不同，必須每天保持營運，因此要另謀對策。例如：增加就讀旅遊系及酒店管理系實習學生人數就是策略之一。在配套安排上，實習生增多了，舉辦員工訓練課程的頻率便也需要增加了。在長工與臨時工的比例及工作分配等方面需要更加仔細安排，盡量減少員工加班的機會。

咖啡廳的自助餐改革

台北文華東方酒店的咖啡廳Café Un Deux Trois位於酒店大樓五樓，開幕的時候取名Café CoCo，數個月後易名Café Un Deux Trois，以價格相對相宜、「French Bristo」小餐館的形式運作經營。

咖啡廳開幕之初，早、午、晚三個主要用餐時段均沒有提供自助餐，只供應套餐或單點菜式。後來因住客漸增，咖啡廳為酒店住客提供的早餐數量也提高了，繼續以單點及套餐形式提供早餐必然令餐廳人手負荷造成壓力，早餐時段遂改以自助餐形式提供服務。

二〇一六年八月上任台北文華東方酒店時，剛好咖啡廳總廚還有一星期便離職，經理的職位也懸空了數月，由四位咖啡廳副經理維持運作，改革方向還未明朗。

為了確保運作順暢，從缺的總廚和餐廳經理的人手要盡快補充，但在餐廳經理的人選還沒有定下來的時候，我從四位副經理中揀選了一人充當「代理餐廳經理」。因為有見四位副經理的關係雖然良好，彼此尊重，沒有孰淩駕孰，但若餐廳欠缺一位作為與餐飲部溝通核心的最終決策者，遇上問題時，前線員工不知道依從誰的指示，因而感到困惑，便會影響日常餐廳運作。

改裝餐廳硬體設備

另一方面，為了在早餐時段供應自助餐，於是在餐廳的硬體上進行改革。在三個月之內，把咖啡廳的其中一部分改建成一個正式的自助餐區以供放置餐飲食品，同時也設置了開放式廚

台灣的飲食市場普遍重視「CP值」，但一般人只著眼於食物的價格與分量來評定CP值的高低，這絕對是不全面和不公平的。

房設施，用以製作即製麵條、湯品或亞洲食品，並可加強廚師與客人交流溝通的機會，藉此改善餐廳品質。餐廳進行改裝後，以自助餐形式提供早餐，早上時段的運作效率變得較為順暢；餐廳的自助餐設施，其效能的發揮並不止於此，最終目的是為了鋪排把咖啡廳改造成一所以自助餐為主調的餐廳。

上任之初，咖啡廳在中午及晚飯時段的人流及生意並不算太理想。午餐時段提供的套餐有四至五道菜，有感以中午時段來說是比較豐富了點。更重要的是，當時菜式的設計屬於「Casual fine dining」，菜式多現點現製，所以廚房一般需要較長時間製作；然而中午時段來進餐的客人，時間上比較緊迫，要在四十五至五十分鐘之內完成為幾十位客人現做每人幾道菜並不是容易的事，所以每每為此需要催促廚房出菜的進度。上班族一般的用膳時間約為一小時或一個半小時，客人發現文華的咖啡廳沒辦法配合的時候，他們自然會打消光顧的念頭，轉投往其他的餐廳去了。至於晚飯時段，餐廳曾作不同類型的推廣，主題菜式、家庭分量菜式、超值套餐、配酒套餐、客席廚師推廣、以國家為主題的菜式推廣等，但市場反應也並不算非常理想。

透過週末節日活動，確立餐廳定位

為了提高咖啡廳的營業額，二〇一六年的聖誕節及前夕，首次嘗試以自助餐形式作為特備節目推出，食材選擇不計成本，開始的時候市場反應仍不算熱烈，因為當時客人還未察覺文華的咖啡廳是一個提供自助餐的餐廳。聖誕過後，再三檢討自助餐市場的定價及食物選擇，進行了自助餐改革的三部曲。

二〇一七年首季，先行在週末的中午時段推出「週末海鮮半自助餐」，前菜及甜品以自助餐形式供應，以海鮮作為重點推廣菜式，另外提供四款不同主菜供選擇，這個套餐以客人所選不同價錢的主菜作為收費的定價。與此同時，平日的中午時段，也改以半自助餐的形式推出午間套餐，自助餐區提供自助沙拉及甜品、還有開放式廚房提供亞洲麵食，客人再由主菜單中點選一道主菜。自助餐區提供較週末為少的食物選項和每位一道的主菜，這樣的分量比較適合上班族，也讓上班族客人能於他們有限的午膳時間內完成用餐，而收費也較週末便宜約三成。

當市場漸漸接受文華的咖啡廳為一個吃自助餐的好去處後，時機便告成熟，同年第四季，在晚餐時段也推出了自助餐。定位終於正確了，餐廳的形象變得鮮明，市場的反應很熱烈，推出後的半年間，生意上漲了超過百分之七十。直至二〇一八年一月，正式把午餐改為全自助餐形式。這一連串策略的改變，令二〇一八年一至六月底的營業額比二〇一七年同期超出三成以上，盈利增長多於四成。

依我所見，自助餐是一個廣受台灣市民大眾歡迎的市場；但市場競爭也非常大，客人對自助餐的取價及CP值非常敏感，因此自助餐的定價及選材必須非常小心細緻。

Bencotto改動布陣，增加使用率

Bencotto是台北文華東方酒店內文華閣商場六樓的義大利餐廳。除了主要的用餐區外，

Bencotto設有一個可容納多至四十八人的私人包廂及劃分出了一個特別空間設置一張能容納十四人的「Chef Table」。此外，還有一個酒窖，當中有一桌木製長方桌，用以展示一個設計獨特的醒酒器。Bencotto於週末繁忙時段常常座無虛席，由於義大利菜的菜式很適合人數眾多時互相分享，餐廳也常承接到六至十二位的訂位，兩個不同形式的包廂一直很受歡迎。

不過，上任以來，也對Bencotto作過兩次策略性的改變。其一是把餐廳的座位重新編排改動，將在主要用餐區旁使用率很低的梳化品酒區，改裝成用餐位置，以增加整個餐廳的使用率。其二是把酒窖內原有的擺設木桌改變用途，將酒窖變成能夠容納最多十二位客人的私人包廂。這個由酒窖改裝後的包廂，成為三個私人包廂中，使用率最高及最受歡迎的呢！

二〇一八年二月開始，Bencotto又嘗試推出了義大利形式的早午餐。市場上沒有這種純義大利形式的早午餐之外，其自助餐區的安排也頗具心思，它並不是設在客人的用餐區，而是在設計精緻的開放式廚房，讓客人在廚房中選取喜愛的菜肴。以往的客人只能從用餐區遙望那個開放式廚房，現在讓惠顧週末早午餐的客人親身走進廚房選取食物。許多客人也感興奮不已，紛紛拍照往網上分享，為Bencotto增加了不少曝光率！看到客人那麼雀躍和享受在Bencotto用餐，自己也有說不出的喜悅！

改朝換代，雅閣中餐廳迎米其林

「雅閣」中餐廳是台北文華東方酒店的Fine Dining中餐廳，也是來台時，受老闆指示要重點「栽培」的餐廳。

酒店開幕時，曾引入五人的香港廚師團隊，將雅閣打造成為以傳統廣東菜作主幹的中餐廳。香港廚師團隊對食物選材非常嚴謹，菜式比其他市場上的中餐廳更高檔，餐廳的市場定位高，菜單定價也相對較高。當時的台灣市場上從來沒有出現過像雅閣一樣規格定位的中餐廳；雖說以餐飲質量及其高雅環境來看，雅閣的取價其實不算太進取，可說是合理的，對於雅閣的出品與其他餐廳有多大的分別，市場似乎未能完全理解及接受。

台灣的飲食市場普遍重視「ＣＰ值」（Cost-Performance ratio），但一般人只著眼於食物的價格與分量來評定ＣＰ值的高低，這絕對是不全面和不公平的。如果把食材品質、廚師手藝和餐廳環境這些更重要的元素也一併考慮的話，可以肯定的是，追求高品質美食的朋友，不難發現文華東方酒店的餐廳所提供的餐飲是物有所值的。

比如說，看到菜單上同是一般粵菜餐廳也有的脆皮雞、蝦餃等菜式，客人只會著眼於與其他餐廳有最大分別的「價錢」，而不能理解「食材」及「廚藝」有何分別。因此，雅閣的支持者便只局限於對品質要求嚴謹的饗客，以至餐廳的使用率不高。其後，雅閣的價格曾一度稍作下調，私人包廂的最低消費也被取消了，五人廚師團隊，亦相繼離去。

深入研究食材，做出最高品質菜式

二〇一六年八月我將赴任之時，雅閣的餐廳經理一職已懸空數月。我趁著快將赴台之前，在香港進行了幾次面試，最後找來了現任的餐廳經理 Nitro，他也在我上任後不久赴台出任餐廳經理一職。

對於餐廳總廚一職，在我入職前不久，酒店聘用了新加坡籍的中餐廳總廚K。他在新加坡任職廚師有一段很長的時間，其後也曾於歐美、台灣等地的飯店工作過。當時，總廚K以帶點南洋 fusion 風的「大江南北」菜式作為餐廳的主調，以口味比較濃稠的菜式為主，市場反應不一。半年後，因總廚K另覓高就離開了，得為雅閣重新找一位合適的主廚。最後找來合作的，是擁有近五十年廚齡，曾於有「香港富豪飯堂」之稱的香港福臨門飯店工作十多年的謝文師傅。謝師傅巧手的傳統廣東菜式，與雅閣設計原意一脈相承，也曾與餐廳經 Nitro 共事數年，有良好的溝通和默契，非常有助於為雅閣的菜式風格定下明確的發展路向，也有信心他們能令雅閣發光發亮。

謝師傅擁有熟練的廚技及扎實的做菜根基。我也經常與師傅商討怎樣利用台灣獨有的原生優質食材，將粵菜最高的水準發揮出來。例如，為了做好脆皮雞，找了台灣七至八種不同品種的雞來反覆試做。台灣一般餐飲店選用的雞種約二點二公斤，比香港所用的為大，我們最後決定選來個頭較小，宜蘭產的放山土雞「盧花雞」。盧花雞重量只有約一點五公斤，皮下脂肪少，雞肉味道濃，更適合做脆皮雞，雖然價錢並不便宜，但為了提供最高品質的菜式，當然在所不計了。

海鮮，在粵菜占了重要的位置。然而，上任前後發現，雅閣即使有很好的飼養海鮮的設備，但提供客人的海鮮選擇不多，連活蝦也沒有供應。經過了解，查明原因之後，著承包商把廚房漁缸的清潔、水質控制上的問題改善及調整，將海蝦在漁缸存活時間太短的問題解決，減輕成本壓力之餘，更重要的是客人有更多鮮活的選擇。另外，與謝師傅、經理 Nitro、採購部等商討並對可供選擇的海鮮種類進行市場研究，與供應商共謀對策，增加海鮮選擇、選取供應量較穩定的品種，務求讓饗客吃到最優質及新鮮的海鮮。

此外，雅閣的廚房備有烤製廣東燒臘的明火果木烤爐。在香港，現時只剩下三間食肆備有這類果木烤爐，數十年前，這些食肆在法例改變之前取得了牌照，才能把明火果木烤爐保留下來使用。法例上，現今所有其他的食肆已經不能使用果木烤爐了，明火果木烤爐能讓燒臘帶出果木的焦香，吃起來別具風味。因此，市場對明火果木烤爐烤製的廣東燒臘特別推崇，食客也趨之若鶩。然而，在雅閣的明火果木烤爐，竟然被冷待一旁，從未被使用過……

上任得知這不理想的情況與果木烤爐的抽氣問題有關連，於是與工程部商討，把果木烤爐的抽氣設施配套進行微調，將問題改善；然後再就能以果木烤爐製作的燒臘菜式諮詢了謝師傅的意見，短時間內，明火果木烤爐便開始運作，用以製作合適的燒臘菜式，讓顧客一嘗真正的廣東燒臘風味。

調整配酒與員工培訓，提升餐廳形象

另一方面，為了增強雅閣高級中菜廳的形象，進一步提升食客餐飲享受，我決定在配酒安排上作出了調整。以侍酒師為重點，為雅閣的酒單增加更多名貴及更優質的選擇，為各類套餐上的菜式拼配最適合的美酒，以及更換更名貴的各類酒杯及醒酒器設備，大大提升饗客美酒佐餐的享受。還有安排侍酒師為員工提供培訓，教授配酒知識、向客人介紹菜式與佐餐酒時的技巧、指導正確侍酒程式及技巧，提高服務團隊整體的專業知識和品質。

在各方面經過一年的努力，改革雅閣的任務，終於看到了成效，二〇一八年一至六月底的營業額及盈利，與我二〇一六年八月入職前同期的業績相比，營業額有大約五成的增長，盈利更增加了超過十三倍。更令人鼓舞和興奮的，是於二〇一八年三月十四日，在首次發行的《台北米其林指南》中，雅閣被列入「一星餐廳」的名單之中，雅閣的廚房和服務團隊的努力獲得了認同和肯定。

踏足台北兩年，回顧過去兩年餐飲部整體的表現，首年較前一年的業績有雙位數字的增長率，而第二年的上半年亦比上一年有超過兩成多的增長，對於部門卓越的表現及穩健的發展，深感恩慰，與有榮焉。

參與「亞洲主廚高峰會 2017」的眾廚師，很多廚師其後於 Asia Best 2018 的排名更上一層樓。

與世界級廚師 Pierre Gagnaire 於台北再度合作。筆者於香港文華東方酒店工作時，Chef Gagnaire 不時到訪由他主理的 Pierre 餐廳。

與台灣名廚江振誠（Andre Chiang）於台北文華東方酒店合作金馬獎晚宴。

港台各飲食名家合照於雅閣，左至右：徐天麟、張慧敏、陶禮君、盧覓雪、林品妤與筆者。

ICSA 最後一天晚宴後，與 ICSA 眾廚師、台北文華東方酒店行銷公關總監李佳燕（Luanne Li，前排左一）、Bencotto 廚師及服務團隊合照。

與香港著名歌手及影星楊千樺攝於台北文華東方酒店。

與駐法國的台灣美食家謝忠道相聚於台北文華東方酒店。

有幸獲邀出席大師姐的家宴。

2018 年 3 月 14 日，米其林指南首度坐落台北，台北文華東方酒店的雅閣獲得一星認定，與雅閣總廚謝文（中）及餐廳經理 Nitro Wong（右）攝於米其林指南結果發布會上。

與大師姐相聚於「雅閣」。

與米其林指南國際總監米高．艾利斯（Michael Ellis）於台北米其林指南 2018 晚宴上。

與香港美食旅遊寫作人 Dorothy Ma（右二）及台灣知名美食評論家徐天麟（左二）及陶禮君（左）合照。

▲
與台灣第一名模林志玲合照於雅閣，林志玲也是文華東方酒店集團名人品牌粉絲（Celebrity Fans）。

▲
左至右：馬來西亞名歌手梁靜茹、名美食寫作家謝嫣薇（Agnes Chee）、筆者及亞洲最佳女廚師 —— 台中樂沐（Le Mount）餐廳的主廚陳嵐舒。

▲
台北文華東方酒店舉行的台北米其林指南 2018 晚宴。邀得台灣流行天后蔡依林（Jolin Tsai）設計晚宴的甜品，蔡依林是曾獲獎的翻糖蛋糕製作高手。

▲
與香港小姐及著名藝人陳淑蘭（蘭子）共聚於台北文華東方酒店的 Bencotto。

喜與《魚料理：一種日本藝術》的著名作家增井千尋（Chihiro Masui）、譯者何宣瑩（Cathy Ho）及著名攝影師李察．荷頓（Richard Haughton）共聚。何宣瑩亦為台灣美食美酒寫作人及高級餐酒顧問，增井與荷頓二人均曾分別獲得國際級的寫作及攝影獎項。▶

◀ 被邀到名美食評論家及節目主持人王瑞瑤的電台節目「超級美食家」接受訪問。

與欣葉飲食集團董事長李秀英攝於台北米其林指南 2018 晚宴上。

與名飲食家及旅遊作家葉怡蘭及其夫婿王鎮志，右二為台北文華東方酒店行銷公關總監李佳燕（Luanne Li）。

與張聰（Desmond Chang）及高琹雯（Liz Kao）合照。張聰是法國食器 Legle（麗固）的品牌合夥人及如意宴創辦人；高琹雯是美食寫作家，創立部落格「美食家的自學之路」。

與世界著名的鞋履巧匠及時裝設計師周仰杰大師（Jimmy Choo）攝於台北文華東方酒店的 Café Un Deux Trois。

與香港著名食家及藝人盧覓雪合照。

與日本球星中田英壽合照於台北文華東方酒店，共享其推出的日本清酒「N」。

CHAPTER 8

兩度迎接米其林指南的體驗

從媒體、坊間及網上多月來沸沸揚揚的討論，以至偌大的酒店會場被幾百位傳媒人及業者擠滿、情緒沸騰高漲的發布會現場看來，不能否認，米其林首次登陸台灣仍是備受注目，港台兩地還是充滿殷切期待的。

萬眾期待的《台北米其林指南》終於在二〇一八年三月十四日於台北文華東方酒店公布了結果，同日晚上，同場舉辦了首屆台北米其林「星耀臺灣，美饌啟航」晚宴。

能夠親身經歷《米其林指南》登陸兩個城市及感受米其林評鑒所發揮的魅力，有點說不出的奇妙感覺。

香港是繼東京之後，米其林在亞洲出版《米其林指南》的第二個城市，亦是百年來首度以中英雙語出版。根據資料顯示，當年的米其林在全球約有九十位匿名評審員，七十人來自歐洲，十人來自美國，十人來自亞洲。這些年來米其林在全亞洲的版圖不斷增加，相信匿名評審的數目料已大增。

大約十年前，現場見證了《米芝蓮指南》（港譯）宣布首本《米芝蓮指南香港澳門2009》將會在二〇〇八年十二月五日推出的傳媒發布會，舉行地點是當時任職的香港文華東方酒店，雖然只是公布出版消息的記者會，但有數百傳媒到場採訪的賓虛場面仍然記憶猶新。

在發布會前半小時，各大傳媒已爭相占據最有利的拍攝位置，當米其林的代表帶同L'ATELIER de Joël Robuchon 法國餐廳的廚神侯布雄（Joël Robuchon）一起出現台上時，立時引起現場傳媒及業者鬧哄哄的揣測，三星餐廳的得主是否已呼之欲出，真是玩味十足。然後米其林代表向傳媒表示，二人只是剛巧乘坐同一班航班到港，因此順水推舟邀請廚神一起出席發布會而已。幾個月後結果公布，最終能奪取三星的，是四季酒店的龍景軒，成為全球第一家獲得米其林三星的中餐廳。L'ATELIER de Joël Robuchon 則摘得二星。

二〇一八年的今天，同樣是美食指南的出版發布會，地點同樣是文華東方酒店，發布會的舞台轉到了台北——同樣是任職文華東方酒店的我見證了首屆《台北米其林指南》的誕生，更有幸以台北文華東方酒店餐飲總監的角色安排及參加了晚上的慶祝盛宴。

雖然米其林在亞洲已經歷了超過十年的洗禮，從媒體、坊間及網上多月來沸沸揚揚的討論，以至偌大的酒店會場被幾百位傳媒人及業者擠滿、情緒沸騰高漲的發布會現場看來，不能否認，米其林首次登陸台灣仍是備受注目，港台兩地還是充滿殷切期待的。

藉合作更深入了解米其林團隊

《米其林指南》是一本超過一百年歷史的國際美食聖典，指南發布前對於推薦名單的保密要求、各階段消息發放時間的掌控及各項有關安排，他們有相當豐富的經驗和標準，作為合作夥伴，酒店一方予以高度配合。通過雙方合作統籌、互動分工，能進一步了解了米其林團隊的運作模式和流程以及加深了指南出版理念的認識，是一個非常寶貴的學習過程和經驗。

雙方合作和籌備事宜由半年前展開，米其林派出的多名代表，數月間多番從外國飛到台北視察場地及商討細節，疲於奔命。在酒店餐飲業經過多年的歷練，算是身經百戰，安排像米其林般大型的發布會及晚宴也可以說是駕輕就熟，但這次盛會將會是被記錄在台灣餐飲歷史上的一個里程碑，個人來說，總有一點意義重大的感覺。米其林盛宴還有一個比籌辦其他大型宴會較為特別的地方，就是自己成為了被「追訪」的對象。當米其林宣布首屆《米其林指南》推展到台北後，遇到不少傳媒朋友及飲食同業前來打探米其林的舉行地點；官方公布了舉行地點後，收到更多的訊息「查詢」晚宴的廚師名單、菜單、神祕嘉賓等等。可是，即使關係再好，這些有關準備過程的資料，是必須三緘其口的；其實能透露的也是很有限，原因是，神祕的評審員名單、評審結果，以至發布會當天才運送到會場的實體指南的管理工作，米其林團隊都把保密功夫做到最好，即使是合作夥伴也沒有例外，絕對是滴水不漏，密不透風。

安排米其林晚宴，獲益良多

隨著《米其林指南》的登陸，酒店每一所餐廳及廚房上下除了要齊心一致，絕不能鬆懈，努力地把餐廳的品質做到最好；這次米其林還增加了晚宴的部分，酒店團隊有機會與米其林團隊合作，共同編寫米其林在台灣展開新一頁的歷史之外，更締造了一次與不同國籍的星級廚師交流的難得機會，還有幸與當晚的神祕嘉賓、製作翻糖蛋糕的手藝十分了得的台灣天后蔡依林（Jolin Tsai）小姐合作，共同創作了晚宴的主題甜品。

晚宴菜式的安排上，由五組不同背景的國際級大廚各展所能，把主題創意菜式發揮極致。各位主廚的成功，跟他們認真的處世態度和周詳的策畫能力不無關係。為一個三百人的盛宴準備菜式，跟廚師們照顧各自所屬餐廳的數十位客人，完全是兩碼子的事。

晚宴中，日本米其林三星餐廳「龍吟」主廚山本徵治及台灣米其林二星餐廳「祥雲龍吟」料理長稗田良平共同創作一道題為「台灣豐富寶藏」的湯品，動員台日兩店包括日籍餐廳經理及廚師們總共十數人之多。從爐頭把煮好的湯品運送至分菜派餐的特定地點所需之時間，事前也精確地以「分鐘」來計算準備好，一絲不苟得令人肅然起敬。

雅閣的謝文師傅，為了給客人耳目一新的感覺，特地二度走訪烏來，尋找適合的原住民道地食材元素，選取最優質的馬告花，將他的一道招牌海參菜式為晚宴重新設計演繹，取名「蝦籽爆遼參佐馬告花」呈獻賓客，認真程度不言而喻。

為了製作出完美的主題甜品，蔡依林小姐表現全神投入，她非常專業的態度，令台北文華東方酒店團隊也非常感動。Jolin 在百忙中四度抽空親臨酒店，每次花上數小時與行政西點副主廚 Guillaume Coulbrant 及酒店團隊商討研究，從最初的十多個甜品意念，去蕪存菁，嚴謹地共同創作了具有台式風格的創意主題甜品「繽繽芭」及「桔仔店」。

《米其林指南》晚宴的入場券，每位訂價六百美元，公開發售後不消一天即售罄，一票難求。更有台北文華東方酒店的餐廳員工，申請當天休假，然後自告奮勇要求酒店安排自己到晚宴當「義工」服務生，為的是親身參與盛宴，以見證歷史時刻。而各餐廳的經理，也於餐廳繁忙事段過後，也分別到場一睹一眾新晉星級餐廳名廚的風采。

台北首屆《米其林指南》晚宴的魅力、「米其林」這名字對餐飲食業界不同階層持分者的吸引力，從以上觀察，可見一斑。

米其林進駐，飲食業界既驚且喜

每當米其林進駐一個城市，必然掀起全城熱話，當地的飲食業界亦興奮莫名，既驚且喜。

「喜」是因為米其林是一個歷史悠久、國際上得到廣泛認同的美食評鑑，能獲得「米其林星級餐廳」這個榮譽，是大部分業者的心願。以宏觀角度來看，米其林決定為一個城市出版《米其林指南》時，已經在初步的研究中，確定了這個城市擁有相當數量、具備高質量的餐廳及廚師，餐廳的多元性也達到國際城市的標準，能夠普遍地被國際饗客及本地食客認定，確實是業者的一個喜訊和光榮；在商業的層面上，米其林的登陸吸引了世界各地遊客的目光，絕對能為當地旅遊業帶來正面的影響。

至於「驚」，也許是因為面對《米其林指南》的首次出版，大部分的餐廳經營者及廚師從米其林網頁或發布會中，還沒有完全掌握米其林的評審要求及安排，所以多少有些忐忑。評審過程中米其林的神祕顧客會造訪餐廳數次，對某些業者來說，餐廳能否保持穩定的水準及受到認同，難免造成了一些不為人知的壓力。餐廳最終如未能摘星，又生怕影響了客人對餐廳的印

通過雙方合作統籌、互動分工，能進一步了解了米其林團隊的運作模式和流程以及加深了指南出版理念的認識，是一個非常寶貴的學習過程和經驗。

象；即使獲得了評級，也憂慮客量突然大增，運作上未能完美配合，萬一水準下調，又擔憂來年被「滅星」，這都是部分業者很矛盾的心理。

台港兩地：業界市場反應有所不同

去年曾有米其林代表探訪過台北一些餐飲業者及索取其餐廳的資料，業者誤以為這就是餐廳將會獲得星級認定的「暗示」；也聽聞有業者不惜招聘顧問，以為更能掌握評審標準及規則，增加摘星的機會；早前米其林公布了必比登推介美食榜，亦有業界人士及市民以為這已經是米其林星級評審結果，替一些心儀卻未能上榜的餐廳可惜。亦有人不知道米其林推介是以城市為單位，紛紛為台中及台南的餐廳打氣或抱不平。結果公布前的一星期，各大傳媒已經四處查問，相繼報導哪些餐廳獲得米其林的邀請，代表奪星機會比較大，而台灣的餐飲業者對傳媒查詢也表現大方，樂意回應。

以上種種現象，與當年香港迎接米其林的情況有所不同。當時香港有不少餐廳的管理層或廚師曾在外國的米其林星級餐廳工作，對米其林的評選標準有所掌握和累積了些個人的心得。而各大餐廳即使受到傳媒追訪，也不會隨便透露有否收到米其林的邀請，傳媒也就只能作單方面的揣測了。

在香港，摘星的效應為餐廳帶來更多的人流，往往也招來了業主瘋狂的加租，令經營變得困難，因此有些小店也不一定歡迎米其林的加冕，在台北，餐廳對這方面的憂慮仍是未知之數。

相對於香港十年前首屆的米其林推介名單，坊間評論一般認為台北的餐廳推介較為平均，能在名單上找到不同範疇的美食。在結果公布之後，兩地市場反應一樣的是，有幸摘星或被推介的餐廳立時成為被各大傳媒採訪追訪的對象，客人也爭相訂位一嘗星級餐廳的美味。

數據分析，米其林對城市的影響

台北米其林的摘星餐廳共有二十間，被評為三星的有一間，二星兩間，一星十七間。

觀乎亞洲各地第一屆的米其林入選名單，台北摘星餐廳的數量算是交出功課了。

第一年的米其林曼谷，三星從缺，二星就只有三家，一星十四家，共十七家，比台北的少。

香港方面，三星是一家，二星七家及一星十四家，共二十二家，比台北只多兩家。

至於首爾、上海及新加坡，則分別有二十四、二十六及二十九家星級餐廳，相差並不算非常大。

以上數個亞洲城市，往後一年的摘星餐廳也比第一年多。以新加坡為例，第二年便由二十九家增至三十八家，增加了百分之五十。對於香港而言，經過第一年的洗禮，第二年增至四十二家，增加了百分之九十！現時，第十屆香港摘星的餐廳便增加至三星六家，二星十一家及一星四十六家，共六十三家之多，差不多是第一年的三倍！

《米其林指南》登陸亞洲已超過十年，相較十年前，現在的指南更能反映亞洲的餐飲文化及其特色。十年間，指南讓不少的廚師及餐廳經營者力求精益求精，改善餐飲品質，令廣大的食客得益，為香港旅遊業帶來不少正面的影響。

有些餐飲業者，特別是一些規模較大的餐飲集團和酒店業界，會投放更多的資源以提升餐飲和服務的品質，增強其市場的競爭力，務求為未獲星級評價的餐廳增加摘星的機會，讓已經摘星的餐廳繼續提升實力，積極邁向更高的殊榮或維持三星的榮耀。

此外，藉著米其林這個平台，吸引了更多國外星級餐廳的廚師到香港交流，甚至在香港市場開展餐飲事業。餐飲投資者也更願意投入更加多的資源去邀請世界級名廚落戶香港市場。隨著台北成為米其林登陸的城市，米其林能否像在香港一樣為各方面帶來正面的化學反應，有待時間的證明。

PART

4

給餐飲系學生的建議

在求學時期，該如何運用資源充實自己？實習要注意什麼？
開始求職之後，要如何準備面試……
一起來看看欲進入餐飲業的祕訣分析。

CHAPTER 9

求學、求職期間的準備

CHAPTER 9

求學、求職期間的準備

本章節從選擇科系、求學、求職三大階段，提供重點式整理，幫助你分析自我特質，為踏入餐飲業做準備。

中學畢業後，大學選科及計畫將來事業是個傷腦筋的決定嗎？近年香港流行「生涯規畫」這個名詞，來台之後，「人生規畫」初見於員工的離職原因欄上，認真細問員工的思路計畫，原來發覺只是為離職者不想多交待下一站的時候而設的「官腔用詞」。

不論在香港、台灣或其他國家，接受過基礎教育後，總會到達選科的階段，這已經是人生規畫的起點。

第一步——該如何選擇行業發展？

十七、八歲就能認清自己及選對了人生方向的人不會很多，但要避免走冤枉路，並不是全無辦法的。以自己來說，當年中學畢業後，自知對刻板的辦公室工作有點抗拒，所以選定了相對比較「活潑」和感興趣的科目，幸運地，三所報讀的進修學院：包括理工學院（其後升格成為大學）的時裝設計系課程、教育學院的體育及數學系和工業學院的酒店管理文憑課程，均錄取了我。

在衡量各種因素及謹慎考慮之下，我沒有選取專上學院的設計課程，反而選擇了工業學院的酒店文憑課程。主要原因有五點：

1. **行業前景**

香港是「東方之珠」，當年旅遊業前景一片光明，酒店及旅遊服務業也是政府大力推動的行業。相反，當年壯大蓬勃的時裝業及製造業，漸漸被地大人多發展中的中國威脅，現在回頭看看確實沒有錯。如投身萎縮中的行業，即使是精英，也只能處於「保飯碗」、「被北上」（非情願地被派到國內）、「價低者留」的命運之中。相反，投身一個發展中及生活必需行業，在人才經常短缺的情況下，只要你做得不差，便能得到相應發展。

2. **行業的多元性**

有些科目，你毅然選讀了，一旦入行便不容易轉行，「教師」便是其中之一。當然做教師也有升職的機會，有當上主任、校長或轉至教育局等不同的機會；但如途中發覺自己想轉換到其他行業，便多要從頭再來了。在我中學畢業的年代，一般都是對「三師」（即醫師、律師、工程師）這類傳統行業的認受性比較高，酒店及旅遊業或多或少被視為就學就業的「次等選擇」，但隨著社會的變遷，現今社會不單比從前衍生出更多各式各樣的新興行業，而且很多的專業水準也不斷提高，無論酒店或餐飲業，好些工作崗位如侍酒師、廚師、咖啡師、以至酒店的管理職級，在世界各地都有專業課程供有志人士進修以獲取特定的專業資格或更高學歷，無論是員工的專業地位或酒店行業本身的地位都不斷地提高，所以從前選讀酒店的憂慮和顧忌，今天已經不復見。

3. 行業層面的廣泛性

科技與文明進步為人類的生活習慣帶來很多轉變，形態上無論怎樣改變，「衣」、「食」、「住」、「行」仍然會是人類每天生活的需要，加入圍繞這四大需要而運作的行業，對行業前景的掌握會比較有保證，只要有敏銳的觸覺，掌握世界大潮流，配合社會的轉變和需要，再加上創意，酒店餐飲這個行業是有無限的發展和商機的。

4. 行業的形式特點

了解行業的特點是否合適自己也是重要的。服務業是「人」的行業，經驗及人際關係是兩大要素，他們不能被機器及科技完全取代。「經驗」需要累積，所以畢業入行以後也得從低做起、有服務顧客、輪班不定時及「百貨應百客」的心理準備。因此，對於一些在訓練期或剛入行便說不想輪夜班、例休只想在週末日的新生，我是感到他們是選錯科、選錯行的。另一方面，某些行業日漸式微，有些甚至因為科技進步而慢慢被淘汰的，例如：紙媒，因生活模式轉變，人們比較多從網上觀看資訊而減少買報紙、雜誌，傳統印刷程序所需的排版員因行業開始萎縮也得尋找出路，紛紛轉行了。

5. 考量自身興趣及所長

選擇終身職業的時候，從自身興趣及天分考慮是淺白易懂的道理，對事業的長遠發展而言也是非常重要的。只為「錢」而打工，當然不投入不享受了。有些年輕人，認為打工只是為了月底的薪水，每天上班都是「交功課、磨時間、等下班」的心態，莫論工作會有好表現，上司當然不會提拔，痛苦的其實是自己，上班的時間感覺過得更慢，那就只有白白地浪費了自己的青春。

第二步——求學時期攻略

就讀酒店課程的兩年期間，名列前茅就沒有我的份兒。讀書，自己從來就不是領先者，二來，很多時候，我都把時間投放於其他事情上。所謂「其他事情」，其實與事業發展不無關係。

1. 從「炒散」中取經

選讀酒店管理初期，我已認定了對於餐飲管理較為有興趣，所以入學不久，課餘時間已積極投放時間參與「炒散」（行內術語，即以時薪計算的臨時散工），放學後，每星期最少有三個晚上遊走於各大酒店宴會部、咖啡廳、會所之間，假日時間更長，往往在各宴會場所工作八至十二小時。這對於學生來說，既可及早爭取工作經驗，又可認識及學習不同酒店場地的運作及管理方式，更可賺取外快，一舉三得。對於「經驗為先」的餐飲業，在畢業時當然比較其他同學先行一步，競爭力稍勝一籌。「炒散」也製造了很多機會與不同資歷與背景的各路兼職一起工作，從而獲得更多更深入有關業界中各大小場所的工作及環境情報、認識宴會主管的喜好及管理方式，有助提升工作效率和表現，對於贏取更有挑戰性的工作崗位有較大的機會，這樣學到的知識更多更快。

2. 從參與活動擴闊網絡

除上課及作課外臨時工外，不妨多參與各學系活動，以加強人脈關係。當年我在校內加入了旅遊酒店管理學系的學生會行政委員會，第二年擔任了委員會主席一職。期間，對會議運作的模式加深了認識，此外，多次代表學系與其他學系或校方管理層就校內活動事宜進行商議和合作細節，透過親身參與的過程，了解協作的流程，學習與人溝通的技巧、面對和解決困難，這些都是對日後在社會工作很有幫助的寶貴經驗。在活動中所認識的人，不論同學、校友、校方教職員、外界的供應商、其他工商業界的聯絡人，往往在不同場合或時間，都可能遇上互相幫助的機會。特別是酒店飲食這個涉獵眾多範疇的行業，保持強大的社交網絡，在工作上需要的時候，往往能令辦事效率增加不少喔！

3. 安排實習

當年報讀的酒店管理課程，同學每年都會被安排到酒店實習一次，班主任會參考同學所填報的意願，把同學編派到各大小酒店的主要三大部門：前堂部、房務部或餐飲部；由酒店指定的主管分派工作，讓學員進行實戰練習。

我對餐飲管理比較有興趣，平日亦靠「炒散」取得一些餐廳運作的實際工作經驗，所以趁每年的實習機會，刻意填寫其他部門作為實習對象，讓自己多作其他嘗試，一來藉此機會發掘一下對其他部門的興趣；二來，理論與實踐往往不一樣，這樣反而可以趁機會確認一下其他部門會否更適合自己。所以，如果有機會參與酒店實習，我鼓勵同學不要執著自己興趣所在，多作不同嘗試。由於各酒店的情況不一，同學即使最後未能被編派到自己理想的部門，但也應以正面的態度迎接不同實習崗位的挑戰，以認清自己的路向，總比真正工作後轉換部門來得容易和省時，這樣「機會成本」低得多了。

我的第一次實習就被派到某大酒店的房務部當房務員，跟隨一位資深房務員學習，輔助他完成每一天的工作，我的主要職責是按照酒店的規定和標準，把床單、被子重新鋪好、吸塵、清潔洗手間、更換或補充客房供應品如毛巾、洗護髮潔膚用品、茶包小吃等等，收到客人的要求時，要盡快適切地應對。

在入住率高峰期每每一個早上要獨自完成整理大約十四個客房，不但需要高效率、體力，也要求記性好、心細，偶爾遇到客人遺下私人物品，要恪守服務客人為先的原則，迅速誠實地處理，確保客人得到最賓至如歸的服務。房務部的運作與飲食部截然不同，但服務至上的原則是一致的。實習能加深對其他部門的運作流程的認識，對日後與其他部門之間的協作是裨益良多的。

4. 把握非一般的學習機會

除了日常爭取到擔任酒店宴會部及餐廳的臨時工外，有時還有一些較非一般的工作機會，每一次都能帶來對學生而言既寶貴又不平凡的經驗！

在我求學期間，曾應聘參與某五星級酒店及香港會議展覽中心的開幕宴會。當上臨時服務生一職，親歷歷時兩小時長的宴會前講解（Pre-function briefing），晚上負責為酒店業主和城中富商名流提供會場的餐飲酒水服務，會場本身以至餐桌陳設及各種裝飾的設置鋪排、餐飲服務的流程及設計、人手安排，當天所見所聞親身經歷的，對日後自己當上主管，為同類型宴會進行實際策畫工作時，有很大的參考價值。

此外，香港也有舉行一些大型節目，如Rugby 7國際欖球七人賽、國際慈善活動，又或英國皇室成員曾經訪港，當中或會需要一些臨時工作人員提供餐飲服務，這些絕對能對自身的視野有莫大的幫助，也為履歷表添上多一分實力。所以，當遇上這種機會時，非常鼓勵同學抓緊時機積極參與其中。

5. **多參與畢業講座**

對於報讀了酒店管理系或旅遊糸的學生，在畢業前的最後一年，能為投身社會作好準備，預先決定路向，多作事前準備，對爭取投身的心儀的酒店和部門自然機會較佳了。

一般來說，學校會舉辦畢業前講座，其中也會有些講座會邀請業界代表出席。這對學生來說是一個很好的機會，可以自由發問及探討各部門的要求、工作特性及工作情況。同時，學生也可藉此機會向業者或老師們徵詢選擇行業的建議。

如前所說，有些直接接觸客人的部門或職位，需要輪班工作及體力要求，所以不一定是最受學生歡迎的部門。但從另一角度看，正因市場需求較其他「文職」工作大，能獲得晉升的機會相對便比較高，發展速度也相對比較快，是一個先苦後甜的途徑。

6. **爭取經驗**

同學在畢業前的暑假，可以趁機找些跟酒店工作相關或者有類似工作性質的暑期工作，到畢業後找第一份酒店工作，必然有更好的面試機會和有更強的說服力。另外，在學校安排實習期間，若能給顧主留下良好印象，有部分酒店更會關注學生畢業的時間，並邀請加入酒店工作，對優秀的人才，甚或預留位置給他／她呢。

7. **尋雇主，名牌國際性是王道**

在我自身經驗而言，能加入國際有名的品牌酒店工作比較有利。因為有些酒店集團，擁有大大小小的不同酒店品牌，他們的顧客對象、營運管理模式、策略及人才管理方針或有不同，由此可以學習有系統及優質的酒店管理概念和運作，加上他們強大的酒店網路，對日後的事業發展絕對是有幫助的。

8. 自我分析

要選擇投身的酒店部門，先要從各方面進行自我分析。從上述可知，酒店各部門各司其職。大致可以分為「直接服務客人」的 front of the house 或「間接服務客人」的 heart of the house。直接服務客人的部門大體為：前堂部、餐飲部、房務部、Spa 及健身中心、營業部。間接服務客人或支持公司營運的部門大致為：廚房部門、工程部、會計部、人事部、IT 部門、訂房部門等。

假若希望選擇「直接服務客人」的部門，先要了解自己是否喜歡面對客人。所謂「喜歡面對客人」，不要只想著面對友善及充滿笑容的客人，也得同時要有決心為各類型的客人服務，包括一些要求比較高的客人。同時，因應各前線部門的不同工作，或有輪班甚至通宵工作的需要，個人的生活模式也需要改變，你是否願意於不同的時段、包括國定假日工作呢？

當然，對心儀部門的產品服務，自身興趣及天分是很重要的。例如廚師或侍酒師，如他們對自己每天面對的工作不感興趣，天分不高，那他們探究追求工作上突破的意欲也許不高，成就自然有限了。

餐飲部是其中一個直接接觸客人的大部門，挑戰性高，工作上得到的回報也可不少。餐廳酒吧營運方式多樣化，工種繁多，員工的上班編排也比較複雜，由早上六點前至深宵，或甚至通宵班，兩頭班的更期可說是必須經歷的。餐飲部的工作，相對地體能要求比較高，但員工能學到的專業知識，品嘗各式美酒美食的機會也相對地高。投身廚師工作亦然，廚房的工作環境並不完美，作為廚師多多少少也受過刀傷、灼傷的洗禮，但有熱忱而能堅持的，不難成為獨當一面的大廚師，成為為人敬仰的米其林星級大廚也不是遙不可及的事。

前堂部是另一個直接接觸客人的大部門，主要是由前堂部及禮賓部組成。語言天分高及「台型好」是會比較優勝的。相對餐飲部它對於體能的要求較低，需要輪班工作，兩輪的分更工作的機會則比較少。

房務部是一個要求員工細心整潔的部門，大部分的員工也是很獨立地工作及整理房間，有固定的工作模式，當中或有一些厭惡性的清潔工序，體力方面有相當的要求，但工作的穩定性相對較高。

成功祕訣

先了解酒店各部門都在做什麼？

對於就學的酒店管理學系學生，如能於在學期間早作分析，認識自己的長處及感興趣的酒店部門，了解各部門的運作模式及其所需人才的特質，那麼入錯部門或入錯行的機會便可減少了，在事前布署比其他同學為先的情況之下，被心中所屬部門錄取的機會也比較大。

要明白，酒店是由「人」運作的機構，試想客人從入住到離開的流程，也離不開酒店各部門員工為賓客服務的「服務點」。

酒店的營運及各部門的角色，可從一個客人的入住體驗過程得知：

- 訂房員因應客人訂房需求，為客人推介及預約房間。
- 房務員在客人入住前整理好房間，按其住房喜好預備個人化的設施，如枕頭類型等。
- 機場禮賓司用禮車接送客人到酒店；門僮及行李員歡迎禮待，幫忙運送行李。
- 前堂部員工為客人登記入住，再引領客人到房間，介紹房間設備及酒店設施。
- 行李員把行李送遞房間；餐務員送上歡迎小點。
- 房務員為客人在黃昏時作 turn down 服務。
- 餐廳的領檯員接聽客人的訂位來電。
- 客人到臨餐廳，餐廳服務生為客人介紹菜式，提供用餐安排。
- 在餐廳背後，廚師團隊預備各樣菜式；管事部員工會預備所需食具及幫忙清潔器具。
- 在酒吧，調酒員為客人調製雞尾酒；侍酒師為客人介紹美酒。

- 健身室的員工為客人提供健身設施講解及指導。
- Spa 的員工為客人推介及提供各式 Spa 療程、服務。
- 泳池救生員為客人提供安全保障及整潔的游泳環境。
- 宴會部為客人安排一切宴會廳的會議服務及宴會餐飲。
- 大堂禮賓部解答客人的所有旅遊景點諮詢及城市熱點推介。
- 房務部除整理房間外，也為客人送來已洗燙好的衣服。
- 客人結帳離開時，前堂部人員把準確的帳單準備好。

酒店營運，也需要其他「非前線」的各部門同事的幫忙：

- 工程部人員則確保房間的空調、各項電器的順暢運作及保證水電供應。
- IT 部門預設好各電視、電影選台及 Wi-Fi 設備。
- 會計部、人事部各同事維持酒店的人事及數據管理。
- 市場銷售部門分析市場需要及推銷酒店各項產品。
- 最後由各部門富有經驗的員工晉升管理層，總體管理、成本控制及制定市場策略，決定公司的服務標準及營運方針。

整個流程的每一項服務，每一個客人到訪的經驗，全需要經過人手的精心安排和操作。所以，了解到酒店不論哪一個部門都需要吸納「人才」，便是各酒店學系畢業生進入這行業的機會。

第三步——畢業後如何準備面試？

求職階段，一旦獲得面試邀請，便得用最大努力爭取最佳表現，不用多說，事前準備功夫當然要認真做好。面試，一方面是攻防戰，為自己爭取致勝機會，在千百個應徵者中爭取成為被選中的一位；另一方面，是從面試準備及面試過程中了解雙方是否「匹配」。在你選人、人選你的世界之中，練習好這一環是無往而不利的，其理論及技巧，即使將來（或已經滿有經驗了）找配偶，也應用得著呢！為自身將來求幸福，要留意喔！

1. 認識職位的工作範疇及工作性質

傳統上，畢業生應徵酒店或餐飲業的前線職位都有既定的模式，工作性質大同小異。所以，事前最好先調查一下該職位的工作範圍、所需的知識與技能，可以的話，也調查一下該職位的市場薪酬。

比如說，對於滴酒不沾或是自身對各款酒類不感興趣的學生來說，應徵「調酒員」這個職位自然不是個合適的選擇。又例如「餐廳領檯員」，別以為他／她只是簡單地等待客人光顧，帶客人入座而已，領檯員除有禮貌地接聽電話、為客人訂位、解答客人有關餐廳服務和菜單上的疑問外，更必須具有獨立處理電腦文書來往的能力，為以電郵要求訂位的客人迅速地提供準確的服務，以至為訂私人包廂的客人安排菜單等工作。因此，領檯員需要具備一定的中、英文語言能力、誠懇的服務態度、良好的溝通技巧、熟識餐廳的運作以及產品、與擁有團隊需要的合作精神。

2. **了解酒店的業務性質、背景及其餐廳的運作模式**

面試前，當然要先了解應徵餐廳的業務性質：中餐或是西餐？提供什麼類型的餐飲？自助餐還是單點形式的？餐點供應的時間？顧客對象？是高級餐廳還是價格親民的？曾有應徵「酒吧調酒員」的人來面試，我們酒吧的營業時間是下午五點至凌晨一點。這個時候，應徵者才說住得很遠、下班時間沒有公共交通工具不行喔、父母不准許太晚下班等，即使興趣有多大、在能力或其他方面有多合適，事前如果對工作性質沒有基本的理解，面試也是徒然。

如不能事先到場了解酒店或餐廳的資料及工作環境，現在最好就是到官方網站了解一下。除餐廳環境外，還可以找到餐廳的菜單、價格、菜式種類、廚師介紹、營業時間、餐酒供應、近期推廣活動甚至是公司的發展歷史及營運理念等，要做好準備功夫，一點也不困難。

除此之外，也可到其他一些公開的大型網站查詢資料，例如：TripAdvisor、愛評生活通等，了解一下大眾對該餐廳的評價，他們的招牌菜式是什麼。這些資料在面試時也許會有莫大的幫助。

3. **模擬面試問題**

面試前，必須預備一份面試最常會被問到的問題，自己預先模擬問題的答案。也可以向學長、老師或工作單位的前輩磋商，定出符合自己又最適切的答案內容。常見的問題有：

・關於職位及經驗：

❶為何對這個職位有興趣？
❷對這份工作有何認識？
❸對我們公司有何認識？
❹有否相關經驗？
❺如有相關工作經驗，試述每天工作範圍及所處理工作的行事曆。
❻有否處理客人投訴的難忘經驗？敘述那次經驗。
❼為何想離開現有崗位及為何選擇轉職過來這裏？

・關於自身：

❶談談自己的長處及短處。
❷說出現職機構的服務、產品的長處及可改善的地方。
❸試說出要聘用你的原因？
❹若聘用你之後，你想怎樣發展自己的事業？
❺這份工作需要輪班、假日上班、兩頭班、加班、穿制服、於上班時不接聽私人電話及訊息。你願意和能做到嗎？
❻你喜歡吃東西或喝酒嗎？為何喜歡？

❼工餘有什麼嗜好，為什麼？

• 關於市場認識：

❶你常到的或最喜歡的是哪一家餐廳，為何？

❷你認為好的餐廳需要具備什麼因素？

❸你認為城中最好的自助餐／酒店／酒吧／中餐廳是哪家，為什麼？

4. 面試當天，留下良好印象

❶事前確認面試地點及時間

❷預算到訪時間及路徑、確認交通安排、行車時間，並預留塞車時間，以策安全。

❸留意天氣情況，下大雨或天氣非常炎熱的日子，應選擇不需要長時間於戶外行走的路徑，以免大雨或汗水影響儀容。

❹要保持整齊清潔儀容，穿恰當的服飾。一般來說，端莊的辦公室套裝或傳統的襯衫配西服，比較能給予雇主一個「認真、嚴謹看待面試」的良好印象。別以為這是簡單的常識，有一個真實的個案，曾經有人拿著菜市場用的塑膠提袋到人事部面試，真是令人啼笑皆非的。

❺頭髮必須梳理整齊清潔，髮色以自然為佳。

❻不宜濃妝豔抹，塗上讓自己看上去比較精神和自信的淡妝就可以了。

❼避免使用濃烈的香水或古龍水。
❽面試前必須關掉手機，以免影響會面進行。
❾準備履歷及相關學歷、專業證書、推薦信、身分證、收入證明、相片等一切被要求攜帶的證書或文件。

餐飲大師的管理學

The Restaurant Management Science

從基層到巔峰的處世哲學與管理之道

作　　者　鄔智明（Sammy Wu）
編　　輯　鄭婷尹
校　　對　鄭婷尹、黃莛勻
美術設計　黃珮瑜

發 行 人　程顯灝
總 編 輯　呂增娣
主　　編　徐詩淵
資深編輯　鄭婷尹
編　　輯　吳嘉芬、林憶欣
編輯助理　黃莛勻
美術主編　劉錦堂
美術編輯　曹文甄、黃珮瑜
行銷總監　呂增慧
資深行銷　謝儀方、吳孟蓉

發 行 部　侯莉莉
財 務 部　許麗娟、陳美齡
印　　務　許丁財

出 版 者　四塊玉文創有限公司

總 代 理　三友圖書有限公司
地　　址　一〇六台北市安和路二段二一三號四樓
電　　話　(02) 2377-4155
傳　　真　(02) 2377-4355
E-mail　service@sanyau.com.tw
郵政劃撥　05844889 三友圖書有限公司

總 經 銷　大和書報圖書股份有限公司
地　　址　新北市新莊區五工五路二號
電　　話　(02) 8990-2588
傳　　真　(02) 2299-7900

製版印刷　卡樂彩色製版印刷有限公司

初　　版　二〇一八年八月
定　　價　新臺幣三二〇元
ＩＳＢＮ　978-957-8587-37-3（平裝）

國家圖書館出版品預行編目 (CIP) 資料

餐飲大師的管理學：從基層到巔峰的處世哲學與管理之道 / 鄔智明著 . -- 初版 . -- 臺北市：四塊玉文創, 2018.08
面；　公分
ISBN 978-957-8587-37-3 (平裝)

1. 鄔智明 2. 傳記 3. 餐飲業管理

483.8　　107012181

改變未來的契機

智慧穿戴大解構：引爆下一輪商業浪潮

陳根　著／定價 320 元

從配有光學頭戴式顯示器的可穿戴式電腦 Google Glass、號稱為健康生活設計的終極裝置 Apple Watch，到可幫助柏金森氏症患者，讓手不再顫抖的 Emma Watch，暢論產業、產品、技術、事件、應用等

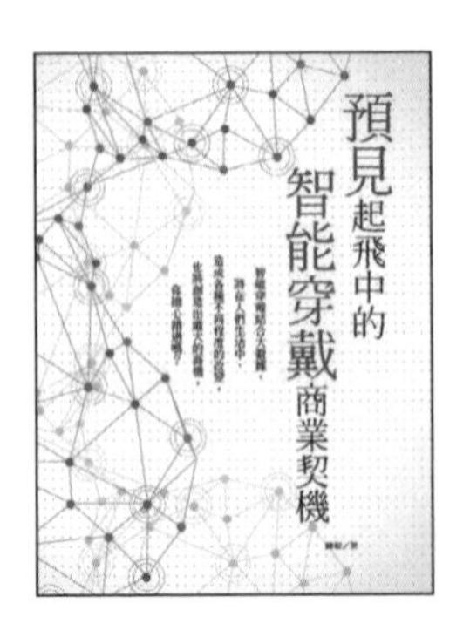

預見　起飛中的智能穿戴商業契機

陳根　著／定價 300 元

智能穿戴結合大數據，將在人們生活中，造成各種不同程度的改變，也將創造出龐大的商機，你擔心錯過嗎？本書將和讀者一起深入探討智能穿戴設備的商業模式

互聯網思維的致勝九大關鍵：換掉你的腦袋，成為新時代商場贏家

趙大偉　編著／定價 320 元

阿里巴巴、蘋果、小米到底有何過人之處？馬雲、賈伯斯、雷軍的經營祕笈。在網際網路時代，必須培養的九大思維，必須熟讀的 22 個

別傻了！經濟學很重要：為了活下去必備的 88 個經濟學關鍵詞

韓佳宸　著／定價 320 元

物價飆漲、買不起房、二十二 K、哭爹喊娘。這是一個不懂經濟學，就註定苦哈哈的時代。不想再過這樣的日子了嗎？人生必備的 88 個經濟學概念，一次告訴你！

創新致富：從 2 萬到 20 億的創業之路

徐紹欽（Paul Hsu）著
定價 300 元

他相信能夠改變自己人生的人，永遠是自己！他認為，在人生的過程中，思維第一，人脈第二，能力第三，學歷第四，能把簡單的事重複做，是專家；願意將重複的事用心做，才能成為真正的贏家。成功的人不是贏在起跑點，是贏在轉捩點！

復興航空創辦人，陳文寬的冒險歲月

王立楨　著／定價 290 元

奇蹟時刻……從中國航空公司飛行員，到中央航空公司副總經理，再到復興航空公司創辦人，中華民國航空界的傳奇人物，陳文寬先生一生飛行生涯的事蹟故事。

廣 告 回 函
台北郵局登記證
台北廣字第2780號

地址：　　　　縣/市　　　　鄉/鎮/市/區　　　　路/街

段　　巷　　弄　　號　　樓

三友圖書有限公司 收

SANYAU PUBLISHING CO., LTD.

106　台北市安和路2段213號4樓

「填妥本回函，寄回本社」，即可免費獲得好好刊。

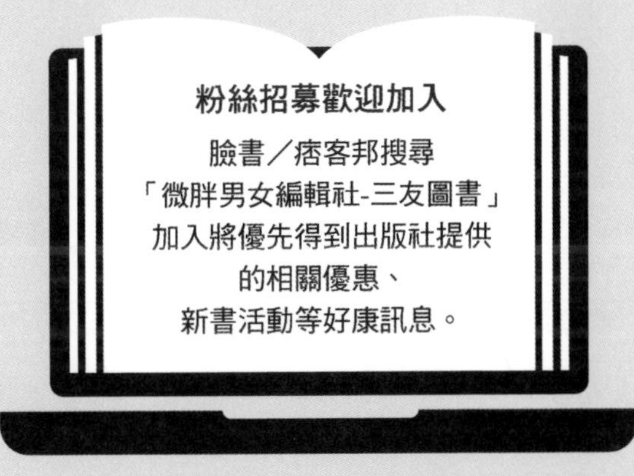

四塊玉文創╳橘子文化╳食為天文創╳旗林文化

http://www.ju-zi.com.tw

https://www.facebook.com/comehomelife

【黏貼處】對折後寄回，謝謝。

親愛的讀者：

感謝您購買《餐飲大師的管理學：從基層到巔峰的處世哲學與管理之道》一書，為感謝您對本書的支持與愛護，只要填妥本回函，並寄回本社，即可成為三友圖書會員，將定期提供新書資訊及各種優惠給您。

姓名 ______________________ 出生年月日 ______________________

電話 ______________________ E-mail ______________________

通訊地址 ______________________

臉書帳號 ______________________

部落格名稱 ______________________

1 年齡

□ 18 歲以下 □ 19 歲～ 25 歲 □ 26 歲～ 35 歲 □ 36 歲～ 45 歲 □ 46 歲～ 55 歲
□ 56 歲～ 65 歲 □ 66 歲～ 75 歲 □ 76 歲～ 85 歲 □ 86 歲以上

2 職業

□軍公教 □工 □商 □自由業 □服務業 □農林漁牧業 □家管 □學生
□其他 ______________________

3 您從何處購得本書？

□博客來 □金石堂網書 □讀冊 □誠品網書 □其他 ______________________
□實體書店 ______________________

4 您從何處得知本書？

□博客來 □金石堂網書 □讀冊 □誠品網書 □其他
□實體書店 ______________ □ FB（三友圖書 - 微胖男女編輯社）______________
□好好刊（雙月刊） □朋友推薦 □廣播媒體

5 您購買本書的因素有哪些？（可複選）

□作者 □內容 □圖片 □版面編排 □其他 ______________________

6 您覺得本書的封面設計如何？

□非常滿意 □滿意 □普通 □很差 □其他 ______________________

7 非常感謝您購買此書，您還對哪些主題有興趣？（可複選）

□中西食譜 □點心烘焙 □飲品類 □旅遊 □養生保健 □瘦身美妝 □手作 □寵物
□商業理財 □心靈療癒 □小說 □其他 ______________________

8 您每個月的購書預算為多少金額？

□ 1,000 元以下 □ 1,001 ～ 2,000 元 □ 2,001 ～ 3,000 元 □ 3,001 ～ 4,000 元
□ 4,001 ～ 5,000 元 □ 5,001 元以上

9 若出版的書籍搭配贈品活動，您比較喜歡哪一類型的贈品？（可選 2 種）

□食品調味類 □鍋具類 □家電用品類 □書籍類 □生活用品類 □ DIY 手作類
□交通票券類 □展演活動票券類 □其他 ______________________

10 您認為本書尚需改進之處？以及對我們的意見？

____

感謝您的填寫，

您寶貴的建議是我們進步的動力！

【黏貼處】對折後寄回，謝謝。